洞见自己 重塑生命

·把苦难转化成人生财富的答案·

子悦◎著

团结出版社

图书在版编目（CIP）数据

洞见自己，重塑生命 / 子悦著. — 北京：团结出版社, 2023.9

ISBN 978-7-5234-0429-4

Ⅰ. ①洞… Ⅱ. ①子… Ⅲ. ①心理学－通俗读物 Ⅳ. ①B84-49

中国国家版本馆CIP数据核字(2023)第180703号

出　版：团结出版社

（北京市东城区东皇城根南街84号　邮编：100006）

电　话：（010）65228880　65244790

网　址：http://www.tjpress.com

E-mail：zb65244790@vip.163.com

经　销：全国新华书店

印　刷：河北盛世彩捷印刷有限公司

装　订：河北盛世彩捷印刷有限公司

开　本：145mm × 210mm　32开

印　张：6.25

字　数：120千字

版　次：2023年9月　第1版

印　次：2023年9月　第1次印刷

书　号：978-7-5234-0429-4

定　价：69.80元

洞见自己　重塑生命

序一

子悦老师是一名非常开朗、睿智，对生活充满着美好向往的女生。此书是子悦老师把她在心灵疗愈方面的经验集结而成的一本智慧之书，非常值得品读。

曹欢

太极禅国际文化发展有限公司执行董事

序二

这是一本让人高兴的书！别小看“高兴”，它是当你聆听自己时，才能感受到的那种心态。读这本书，犹如和子悦一起寻求智慧。

田夲

知名节目编剧

序三

我们讨厌的境遇，竟然就是我们一直寻寻觅觅进入内心的入口。

彼时，当身患重病、公司危机、家庭创伤突然袭来，我看见子悦面对这些苦难时转念的坚毅和果敢，我很少见过这么勇敢的女性，她深深吸引着我，给了我转念的底气，于是我开始走向自我疗愈之路。

没有一个痛苦会被浪费，没有一个委屈会被辜负。我们在一起经历了三次重要的转念过程，成为灵魂相吸的伴侣。

第一次是在面对全身型重症肌无力时，通过转念，子悦从对抗到接纳，她的身体状况大幅改善。

第二次是面对创业困境，企业从100多人骤减到只剩5人，通过转念，我们从追求财富到放下欲望，断舍离后，终于感受到事业里的欢喜。

第三次是在伴侣关系中，我们总希望从对方身上获得父母无法给予我们的爱，通过转念，我们从自我内耗到身心平衡，伴侣关系更和谐了。

每个人终其一生都在寻找与自己心灵相近的人，是你让我知道所有的遭遇都有其原因，是你让我知道这世上所有久处不厌的伴侣并不是天生绝配，而是懂得转念。灵魂伴侣不仅要三观契合，而且要有共同的目标。

丹尼斯

序言 洞见自己

疗愈，还原你本该有的样子。

很多时候，我们习惯凭借狭隘的认知和惯性思维去解读另一半，这就很容易让另一半感受到各种委屈，感觉自己不被理解、不被尊重。

比如“我明明把话讲得很清楚，你为什么就是不能理解？”“你为什么总是不懂我？”“你到底在想什么啊？”“为什么以前在你眼里我什么都好，现在却一无是处了呢？”这些对话，是否也曾出现在你的生命中？在夫妻关系里，有人总是抱怨对方，从来不和对方深入沟通自己的需求，于是隔阂渐生、矛盾激化……

为什么呢？因为很多人的沟通是带着期待去表达，而不是在表达期待。带着期待去表达，是在背后伸着一双“索取”的手，带着说服对方的想法去沟通。而表达期待，是在陈述的过程中呈现“爱、允许、接纳”的状态，是在陈述自己的希望。

同时，也问问自己的期待是什么：我到底想过什么样的人生？古人云：“五福人生”。“五福”指的是长寿、富贵、康宁、好德、善终。问问自己在过什么样的人生？是富足、喜乐、奉献，还是匮乏、焦虑、自卑？

“五福俱全，人生圆满。”“五福临门，家庭兴旺。”这是先人留给我们的生命智慧。“福”文化在中国源远流长，五福人生更是众人的向往。无论是从物质享受层面还是从身心追求层面讲，“五福”都是一种幸福程度的体现，也只有“五福”合起来才能构成幸福美满的人生。

而五福人生的开启要从当下的转念开始。转念，并不是口头说说而已，而是需要系统地训练自己。

我们在做的第一件事情，就是帮助别人系统地进行转念。转念可以让你生活在正能量里，当你心情不好的时候，就需要转念，带着烦恼出去，带着力量回来。

我们在做的第二件事情，是培养“心灵疗愈师”。心灵疗愈师不仅能让自己快乐，同时还可以疗愈身边的人，让别人拥有好心情。

培养心灵疗愈师，要求一个心灵疗愈师内在的品质要真诚、善良，然后要进行注意力的训练，要有爱的感知力，还需要进行一系列有关专注力的训练。

这几年来，我不仅帮助了成千上万的学员，更培养了众多的心灵疗愈师，学员疗愈好自己以后，可以作为幸福的心灵疗愈师去疗愈更多人；当你专注心灵疗愈行业，致力于未来能够让更多人家里都有一位心灵疗愈师，你就是一个幸福传递者。

很多企业创始人也通过转念去支持企业发展，帮助更多家庭改善家庭关系、情绪和身体状况，同时还能够带来主业的业绩增长与幸福增长。为身边每一位家人、朋友一生的幸福、快乐、健康保驾护航，这样的创始人就是企业的幸福传递者。

你还可以将你打造成自己或家人的专业心灵疗愈师，这样你就会有一个幸福的家庭甚至幸福的家族。你的视角将脱离单一的自我，变得开阔起来。直面黑暗的地方并带入光明，活出生命的艺术感。

你可以在每一刻都保持开放的心态，享受这种真实所带来的爱，学会尊重自己和尊重他人的界限。

当你还在依赖外部世界的认可时，说明你的内在是有“缺失”的，这是分裂的个体意识所导致的；当你回归到自我认同上，无条件的光与爱就会自动闪耀，这是你内在的圆满丰盛所决定的。

当然，转念生命成长体系教育理念是以自我疗愈为中心的，并不是帮你疗愈，而是教你学会自我疗愈，让你拥有自我疗愈能力，当你开始觉醒智慧的时候，你会发现所有的一切都由内心而生，外在世界一切都是幻象，而内在世界才能真正改变人的一生。

我们在做的第三件事情是公益行，我们想让更多人去了解转念的智慧。在“再次遇见爱　家和万事兴”公益行课程中，我们通过四把真爱钥匙来唤醒真爱，让学员拥有了“觉知幸福的能力”，懂得表达自我，也更能觉知自我。当你心力不足时，正能量会带你走向阳光与温暖，四把钥匙会让你再次拥有爱的能力。

和懂你的人在一起，做开心的自己，未来希望与你一起践行转念生命成长体系。

目 录

01 Part

唤醒：生命的目的在于觉醒

02 Part

孕育：生命的伟大在于孕育新生命

03 Part

滋养：生命的绽放需要爱的滋养

04 Part

传递：生命的意义就是传承真善美

Part 01

唤醒：

生命的目的在于觉醒

静下来，与心灵对话，以观察者身份去观察内心的每一个念头，然后训练自己回归生命中心，不去评判自己与他人，允许他人做他人，允许自己做自己，这就是转念之道。转念不单单是一种技巧，更是从我们内心深处找寻生命的真相。

转念的力量 >

生命：放下，才能过得轻盈

前段时间，我们家发生了火灾。当时是早上6点左右，全家都在熟睡中。

妈妈第一时间觉察到着火了，马上去灭火，可是火越烧越大。爸爸第一时间试图叫醒所有的孩子，孩子们在深睡中醒不来，爸爸就把孩子们一个个抱了出来。

我听到爸爸的叫声，立马叫醒老公，醒来时，发现屋子都已经被烟熏黑了。

那一刻，我们来不及穿衣服、鞋子，除了能拿手机，没有时间拿其他任何物品，因为手机可以打电话叫车或者求救。什么贵重物品都已经不重要了，因为根本拿不走，当时真的体会到了“生不带来，死不带去”的感受。

那一刻，我的内心冒出来许多声音：

第一个想法是家人都在哪里？要抓紧时间把家人带离现场。

第二个想法是赶紧叫邻居撤离，当时同楼层的人大多在睡梦中，如果不叫醒他们，那我心里一辈子都会有负罪感。

第三个想法是妈妈克服内心的恐惧去灭火，爸爸还去找妈妈，家人要是出了意外该怎么办？

如果不是妈妈，火估计会烧到邻居家，在庆幸的同时，也感叹母亲太伟大了。

第四个想法是如果家没了怎么办？房子就这样烧没了怎么办？

第五个想法是如果把邻居家的房子也烧了，那得赔多少钱呢？

人只有经历过苦难，才知道生命的意义是什么。

可是一把火，突然之间，就把屋里的一切都烧掉了。墙面被烟全部熏黑了；家具被烧得焦黑，散落了一地，我愣住了，心想这是怎么了？

回过神来，就看到妈妈一脸的无助和茫然，听到女儿放声大哭，一时间，无数个想法涌上心头，有一个声音最为强烈：这一切是想告诉我什么呢？

或许，只有在生命受到威胁时，才能体会到生命的意义，那时你再去觉察内心是否还有贪嗔痴、欲望、贪念。几秒钟转念后，我开始想解决方法：让装修队的人安排重新装修。

这一切，对我来说是一种提醒，我很庆幸生命通过火灾让我明白了放下的意义：要学会断舍离，舍去生命里多余的事物。

你可能会珍惜很多你觉得很重要的东西，因为一把火就可以把这一切烧没，可生命中真正重要的是家人。父母、孩子、伴侣都在，彼此顾念，彼此滋养，这才是真正需要珍惜的。

古罗马哲学家爱比克泰德曾说："真正困扰我们的，并非发生在我们身上的事情，而是我们对那件事的想法。"这就是转念的力量，只要想法一改变，困扰内心的问题便会随之化解。

如果我们放不下功名富贵，就会困在功名富贵里；如果我们放不下悲欢离合，就会在悲欢离合里痛苦挣扎；如果我们放不下人情世故，就会在人情世故里打滚；如果放不下是非、得失、善恶，生命就会在是非、得失、善恶里纠结，不得安宁。

其实，人生没有什么不可以放下的，小到邻里之间的纠纷，大到生死，你放下也好，不放下也好，结局并没有什么改变。不同的，只是放下的人收获了一份轻松和快乐，而放不下的人只能一辈子背着包袱过日子，得不到快乐。

放下是一种转念，放下是一种选择，放下更是一种力量。放下，不是放弃所有，而是放下生命里那一份欲望、执念，让自己的心能够慢慢静下来。

静能生慧，当你静下来，你会感受到生命不可思议的轻盈，想要的也是那么轻松。要知道我们很多时候会被欲望迷惑住，只想着获取更多，而忘记去享受那一份宁静简单的生活，忘记给自己喘气的机会，只有等到失去的时候才知道，能享受内心那一份宁静有多重要。

静下来，与心灵对话，以观察者身份去观察内心的每一个念头，然后训练自己回归生命中心，不去评判自己与他人，允许他人做他人，允许自己做自己，这就是转念之道。转念不单单是一种技巧，更是从我们内心深处找寻生命的真相。

一念花开，一念花落。一念放下，万般自在。

股东：想利用ta还是成就ta，由初心而定

一家公司从创业到发展壮大，少不了股东的助力。你有没有时刻觉察你和你的股东是否保持同频？也就是说，你们未来10年甚至20年的目标是否一致？

认知同频，代表你们的认知在同一层次；行为同频，代表统一目标后，你们在管理落地方法上能保持一致。

这，确实不容易。

有一部电影叫《中国合伙人》，它以新东方的“三驾马车”为原型，讲了大学里的三个好朋友从同甘共苦创业到散伙的故事。在电影里，三位合伙人在王阳的婚礼上大打出手，佟大为扮演的王阳说了这么一句话：“不要跟最好的朋友合伙开公司。”

这句话引起了很多人的共鸣，想要创业，一个人单打独斗是玩不转的，很多人找股东，从同心协力到“同床异梦”，再到同室操戈，最后甚至同归于尽。也有人把这条创业路总结为“一年合伙，两年红火，三年散伙”。

人这一辈子的好朋友本来就不多，因为创业不和，又失去了朋友，伤害确实太大了。为什么结果总是不如人意呢？

你需要觉察自己的起心动念，是利用ta还是成就ta。

很多人在找股东的时候，因为觉得自己不够好、不够优秀，就会一直向外求，感觉要找的人一定要比自己优秀，所以不惜成本都要去挖其他公司优秀的人才过来。

可这样找到的人很难是对的人，你在很迷茫、很恐惧、很无助的状态下找到一个股东，公司越发展，你们之间的矛盾会越多。

因为想利用别人的能力为自己做事，这就是在小我的世界里面。小我是内在的自我，把自己看得特别重要，觉得所有的事情都会围绕自己运转；小我总是考虑自己的利益，这样的你吸引来的也是沉浸在小我世界里的人，为利而来，也会因利而散。

向外求，皆是烦恼；而向内求，自在欢喜。我们如何向内求呢？

你要感受自己的起心动念，究竟是想成就他人，还是想利用他人的能力来为自己做事。

你搞清楚自己需要的是什么，自己的心量有多大，格局有多大，就能吸引同样的股东，容纳同样的股东。

你若很自信、有魅力、有胸怀、有人格魅力，带着成就他人之心去找股东，那么你找到的股东也会和你同频，使命、愿景、价值观会和你一致。你想要吸引什么人，就让自己先变成什么人。

怎么转念呢？要觉察和股东在一起后，内心是否有稳定感。更重要的是，要觉察这份稳定感是来自你的因素还是对方的因素。如果有不稳定感，就要去觉察不稳定感是来自你内心的不配得感，还是源于你看不惯别人的生命模式。

如果你和这个股东在一起总是患得患失，担心他会离开，你在潜意识里就不相信股东能做好，那这个股东永远都做不好，也总有一天会离开，你需要思考这份担心来自哪里。

如果你不满意他的能力，他达不到你的期望值，这时就要调整你的期待值，和他好好沟通，让彼此的思想、认知、做事方法能够同频。

怎么沟通呢？用平等心的方式。说说你的期待是什么，他的期待是什么，你和他是否可以调整出合理的共同期待。

如果沟通后发现你们不同频，他在价值观、认知、行为上都和你有很大的出入，你感受到痛苦、难受，这样的股东是需要去重新考量的。解决方法是要么改变你自己，要么调整到舒服的相处方式。

当出现排斥时，请充满耐心和宽容地看待你自己；在出现挑战时，请给彼此更多的空间去磨合，从不完美中找到力量，创造更大的价值。

你们两个人在一起发展后，若有一个人超越自我的目标时，那将会一步步地超越彼此的局限，自然就能够共同成长，也能彼此赞赏。

稻盛和夫从一个濒临破产公司的小技术员，到拥有两家世界500强公司，他一直秉持的价值观就是拥有利他之心。在稻盛和夫看来，只要能成就他人，做出贡献，利润就会随之而来。这就是“以智化障，奇人有道”，当你不断学习、修行，你会感受到“本自具足”的力量，心中升起的智慧自然会为你披荆斩棘、化解障碍，道路自然会显现出来。

所以你找股东的心念是成就还是利用，一定要觉察到。同心同德，同愿同行。股东是一家公司的灵魂，你和股东的相处难度不亚于夫妻关系，百年修得同船渡，千年修得共枕眠，找到一个好股东确实是难得的缘分。

好股东也是因为你有成就他人的心才来的，大道至简，心无外物，一切皆为你的创造物。

客户：守护108位强关系客户

经常有学员问我："现在流量好难做，怎样才能找到精准客户？""产品和以前一样，为什么现在客户越来越少？"这些问题可以从很多角度去解决，但如果你想真正理解服务客户的核心，就会发现同样的赛道，掌握服务核心价值观的服务和走流程的服务，收益天差地别。

很多创始人太想拿到结果，只想着客户买各种项目，很少有服务意识，用过度营销的手段造成彼此之间的隔阂。

像这样只想获取最大流量，急功近利，不考虑用户的接受程度的方法自然行不通，很难做得长远。如何通过转念来找到精准客户呢？

当你把聚焦点从想要拥有很多客户转移到用心经营铁粉上，真心为核心客户付出，关注他们的需要时，你和客户就不会彼此消耗，而是会彼此信任、互相帮助。

用未来的眼光，把客户经营成一个有强关系生态圈子的社群。当你和客户的关系成为相互帮助的强关系，不断建构未来的生态圈，赚钱是顺带的事。

那如何守护核心圈客户呢？

第一步：列出你想要守护的核心客户清单。

第二步：送上关注、祝福。

第三步：用专业心灵疗愈方法去赋能。

第四步：持续关注，给予支持。

你想要什么，先给出什么。要把每一个客户都当成是你人生中最尊敬的人、最敬畏的人、最感恩的人。当你带着这样的心态去经营客户，客户会源源不断地给你带来无限多的客户。

1个客户的背后是5个客户、50个客户，甚至100个客户。想建立强关系，要先让自己成为一个给予者，而不是一个索取者。对给予者而言，能提供的最大价值，就是运用自己的能力，帮助客户获得他们所需要的资源。这时，你也得到了从客户那里获取更多资源的机会。

每个人都有成长的需求，比你优秀或者比你差的人都有。如果想轻松地维护关系，可以多想着为对方做点事情。

可能只是为对方做了一点点小事，但这对于关系的维护是有莫大帮助的。平时跟客户聊天时，可以顺便聊聊对方的目标，用心记下。如果遇到有助于对方实现目标的东西，随时送给对方。为对方做点事情，持续关注对方的成长，能让你们的关系越走越近。

朱迪·罗宾奈特是美国金种子基金的董事总经理，她是一位职场人脉专家。她写过一本书叫《给予者：只有给予者才能成功运营社群》，主要是说创业时代的人脉网络法。

书中提到了一个观点，即最强有力的关系是双方都有能力为对方做贡献，而不是建立在单边提供价值的基础上。可如何让单边关系成为双向奔赴的关系呢?

我们需要回归本心，看见自己的价值，并不断为自己增加足够的价值，这样可以更好地帮助别人，别人也会渴望给你提供帮助。

在你构建强关系的客户生态圈，不断提升自己价值的同时，你带着同样的心态为更多客户提供帮助，自然会实现双赢。

团队：最重要的客户是你的团队

很多创始人管理团队的固有思维是我给员工薪资，员工为我工作，所以自然认为员工做什么都是应该的。还会认为我给员工薪资，员工就一定要做好。

平时会经常压榨团队的时间和薪资，总是开早会、晚会，复盘总结计划怎么提升工作效率，要达成什么样的结果，这时团队员工一定会有对抗心理，整个公司就会陷入内耗中，受不了的员工就会流失，公司业绩也很难达成。

而这样的团队所服务的客户群体也绝对不会是高质量用户群体，很多创始人也不愿意花时间培养团队。

我也看过很多创始人把时间切得碎碎的，日程表塞得满满的，每天在各种时间格子里跳来跳去，打一个又一个卡，学一个又一个课，确实很努力。而我对此的疑问是：在时间格子里努力一段时间之后，你的“心力”提升了吗？

你可以做一个简单的测试，就是回想一下过去那些把你难住的事情、困住的处境，以你今天的认知和资源，是不是可以轻松化解？

所以，公司的业绩始终做不上来，要么是你认知不足，要么是你心力不足。

如何转念才能智慧地带领团队呢？

你总想客户源源不断，可忽视了最重要的客户体验。你应该把关注点从“如何让团队创造更多价值”转念成“你如何更多地赋能到团队”。

你要意识到团队是来赋能客户的，团队的层级直接影响了客户的消费频率和客户的档次，以及公司的客户圈层和能量状态。

如何做到呢？核心是学会平衡，你要相信每个人的潜力是无限的。如果你能唤醒团队内在的渴望，去激发团队的潜力、梦想，让团队中的每个人活出自己，把一个团队10个人、20个人、100个人变成你的核心影响力圈，这样高能量的团队自然会影响成千上万的客户，这也是自动自发地营销。

所以当你很有心力与智慧活出自己的时候，你就能找到一群同频共振的团队；可如果你找不到现成的同频共振的团队，你就必须得具备调频的能力，把你的团队调频成同频共振的团队。

你需要花费大量的时间和精力去和团队调频，让你们拥有共同的梦想、共同的远方，如果你想达成100万的目标，但团队只想达到10万，那么你们的志向就根本不在一个层次上，目标永远都完成不了。

一旦完成调频，你就会发现你们做起事情来都是轻盈的，没有障碍的，你的团队不会背负业绩的压力，压力会转变成梦想的助力。

所以，创业者千万不要不愿意花时间和团队调频，还期待团队可以速成。一个人的团队很难实现太高的目标，所以你一定要有一支同频共振的团队，那样才能让你的业绩超乎你的想象。

金钱：有钱人聚焦在让自己值钱

我的原生家庭相对贫穷，过去，我以为金钱一定要靠努力才能赚到，要靠自己的能力才能赚到，要很辛苦才能赚到，所以我一直很认真地工作，把每一天的每一分钟都当成很重要的时间在用。因此我过去赚的钱都很辛苦，这是我过去最大的错误认知。

当我通过持续心灵生命成长，不断地对大脑进行投资，学会了转念后，意识到钱不是这样赚来的。你不要自己成为一个很辛苦赚钱的人，而是要让自己变成一个值钱的人，你才能匹配你的财富。

穷人努力赚钱，有钱人努力值钱。

如果你现在处于匮乏的状态，担心自己赚不到钱，担心自己不如别人好，担心自己不如别人优秀，赚多少钱都觉得好奢侈，当你持有这样限制性信念的时候，金钱很难喜欢你。

因为你的潜意识所受到的制约，会决定你的思想，你的思想会决定你的选择，而你的选择决定了你的行动，你的行动就决定了你的结果。

如果你想上升到更高的生命层次，就必须放弃一些旧的思考和存在方式，并且接受新的方式，最后结果会证明一切。

金钱喜欢富足的状态，你必须相信只有你才能创造自己的成功，也只有你能造成自己的平庸，不管是你自觉还是不自觉的状态，你的人生都是自己决定的。

不管你得到的结果是什么，是穷是富，是好是坏，是正面是负面，我们都应该转变信念：你的外在世界，只不过是你的内在世界的反映罢了；你的外在生活之所以过得不好，是因为你的内在生活不顺遂。

如何转念呢？

想要变得富有，关键在于提高你的心力智慧，你提高了自身能量，别人就会被你吸引而来，一旦他们慕名而来，财富就会源源不断向你涌来。

▲ 财富法则一：舍得成长

我不断地让自己的思维跟世界顶级富有的人同频，如李嘉诚、巴菲特、马斯克、比尔·盖茨等，我去看他们的经历，看他们的书，我决心要联结这些最富有的人的思想。

从过去很辛苦地赚钱，到现在思维转变后轻松赚取财富，转变的核心，在于我一直在跟比我更优秀的人学习成长。

从小时候开始，在别人都在忙自身的学业时，我就已经开始看那些最富有的人的书了，看了很多名人传记。李嘉诚是我人生中的第一个偶像，我很早开始就看他的书，感受他的经商思想。我研究这些创业者的心路历程，也大量地看心理学尤其是销售心理学书籍，所以我18岁就已经积累了大量的心理学知识。

我运用所学到的知识使自己变好，把人生过好。财富的转念思维都是源自我们从小的信念，认准自己未来是一个值钱的人，是一个可以拥有财富的人。

当我们活出价值，活出最棒的自己，就会有更多的人被吸引而来，我们会感受到生命中轻而易举的富足。

▲ 财富法则二：舍得给予

当你在赚取财富的时候，需要懂得舍得的智慧，因为大舍大得，小舍小得，不舍不得。我过去可能会觉得我赚的钱应该自己用，直到有一天我明白，赚的钱应该孝敬父母，孝敬长辈。

我们用爱和财富滋养父母，父母这一代被滋养，他们过得也会更自在，也会给我们更多的支持。感恩我的父亲、父亲家族、母亲、母亲家族，所以我赚了钱后，会给到父母、长辈、家族里需要支持的亲人。

除了对待父母，对待贵人也是如此，这些都是在累积你尊重源头的力量。当有贵人引领我做一门生意时，我一定会买礼物给他、请他吃饭、给他发感谢信。

“互捧互高，互贬互低”，贬低对方，你的能量值就下降；鼓励别人，你的能量值就会上升，在财富道路上，我们要尊重比我们优秀的人，累积财富的能量就会不断提升。

我们带着爱与感恩，生命的能量场就会加强，震频就会不断地上升，一切美好就会来到生命里。

我也一直在践行，比如很少让别人请我吃饭，都是我请别人吃饭，或者在别人不注意的情况下，我会先去买单。

因为我们请别人吃饭，是一个善意累积的过程。穷人的想法是这一顿饭要让别人怎么付钱，而富人的想法是我要请多少人吃饭。

▲ 财富法则三：舍得奉献

舍得奉献是愿意奉献力量、思想、精神、财富，那些越是舍得奉献自己的人，就越容易获得大家的接纳和喜爱。比如企业家曹德旺的福耀玻璃，目前已经是全球最大的汽车玻璃供应商之一，他成立的基金会与福州市政府正式签订了协议，由基金会投资100亿元，在福州市建设一所应用研究型高校——福耀科技大学。

有人认为曹德旺办大学是为了给福耀玻璃输送人才，事实上，曹德旺本人在接受媒体采访时表示，福耀科技大学不是福耀的大学，也不是福州的大学，而是全球性的大学，旨在培养世界一流的制造业人才。

今天的富人们如比尔·盖茨、曹德旺这样的巨富，他们在商业领域的战场上毫不留情。但同时，他们也捐出了大量的财富用在公益上。尤其是比尔·盖茨，把自己的第二人生都用在了公益慈善事业上。卡内基曾说："在巨富中死去是一种耻辱。"

顶级的富人都在以一种有效的方式，将自己积累下的巨额财富奉献给社会。就像阿尔贝·加缪在《反抗者》中说的那样，"对未来的最大慷慨，是把一切献给现在。"

不管你得到的结果是什么，是穷是富，是好是坏，是正面还是负面，都是你内在世界的反映。

原生家庭：重要的不是你是谁，而是你可以是谁

我出生于福建泉州的一个大家族，爸爸有7个兄弟姐妹，每个兄弟姐妹生的都是儿子，只有我是女孩。爸爸妈妈18岁时就结了婚，妈妈在19岁时生下我。而当时家里的生活条件并不富裕，甚至可以用一贫如洗来形容。生活的磨难和苦涩，让我比其他同龄孩子更早熟也更独立。

爸爸虽然很爱我，把我视为掌上明珠，但在家族长辈的骨子里，重男轻女的社会传统观念却无法撼动，这让我从小就感受到了“被边缘化”的特殊待遇。

印象很深的是，小时候有一次过年，举家张灯结彩在欢庆，兄弟姐妹们其乐融融地吃着团圆饭，长辈们拿出寓意美好祝福的

压岁钱红包，笑容可掬地发到每一个孩子手上，唯独轮到我时，却忽然被“跳了过去”。

看着哥哥弟弟们拿着压岁钱高兴得手舞足蹈时，那一瞬间，我仿佛被人泼了一盆冷水，像个不知道做错什么事而被惩罚的孩子，一股强烈的自卑感油然而生，令我感到窒息。

也是从那个晚上开始，我才猛然发现，原来女孩是不配得到和男孩一样的东西的，因为在那一代福建闽南人心中，男孩得到红包是理所当然，女孩收不到红包是常态。哪怕家里只有一枚鸡蛋，男孩第一时间拿起来吃也是应该的；而对女孩来说，从来都只有看着的份，只有当备选的份。种种负面标签包裹着我的童年，我受到了极大的差别对待，受人冷落和歧视也是家常便饭。

有一次，家族长辈们在一起聊天时，我无意中听到他们在说：“女孩长大之后就是泼出去的水，只有养儿子才能真正防老。”听到这样的话，当时的我非常不舒服，暗暗在心里反驳道：“为什么女孩就一定不能给父母养老，为什么女孩长大之后就是泼出去的水?”

尽管我的出身不太好，但爸爸时常鼓励我：“人可以穷，志不可以穷。”这也是爸爸带给我的最强信念与力量，在我的性格里种下了“正面心锚”——那就是靠自己去拼搏，去向上攀登。我拼命想证明自己，我不甘心，我不服气，女生可以比男生更优秀的念头，已经在我心里悄悄酝酿。

于是，在这样不公平的环境下，我从小就自尊心极强，好胜又倔强，女子心性自带的柔软早早被丢弃，取而代之的，是活成了强硬的“爷们”，处处要求自己比男生强，不允许自己被欺负。记得上初中那会儿，曾经一个人挑战过9个人的校园霸凌团，当时有一种极强的执念：我必须赢，我不能输！

后来，我被群殴，毫无悬念地被打到头破血流，还住进了医院。当我睁开眼睛的时候，第一时间关注的并不是自己的身体疼不疼，而是觉得打输了，很丢人，很没面子，不想返校上课。

坦白说，那时候的我把输赢当作一切，看得比自己的生命还重要。在这种“争强好胜”的黑洞怪圈里，我醒来后一直回不过神，直到两年后，意识才回过神，发现自己原来陷入了恐惧担心的状态里，很长时间都无法走出来。

事事都想争输赢，胜负欲太强的后果就是越活越痛苦，甚至不惜耗费巨大的代价，背负沉重的期望，这也和初心的距离越来越远。

怎么转念呢？

你需要去觉察你和自己的关系，是和谐的状态还是匮乏的状态，是已经用正向的心态活出来了，还是仍活在负面的状态里。

如果你没有成长，你看到的都是自己不完美、不够好、不够优秀、不够努力，那你和自己的关系就不够好。很多时候你走不出来，是因为你的内心没有爱，你没有回归到自己的生命中心。

其实真正的核心是你需要回到自己的生命中心，回到自己领袖的位置，这样，你就知道你和世界原来可以和平共处，这时你就能活出正向的生命喜悦状态。

所有的坏事情来临，一旦你转念，你就可以在3秒之内处理好。你只有和自己的关系好，你和所有事情的关系才会好，你和所有人的关系才会和谐。

在原生家庭里面所有受过的伤，都需要你回到生命的中心，在爱中和解。

很多人会把所有的伤痛都归咎于原生家庭，常常不能接受爸爸妈妈，认为他们做了伤害自己的事情。无论父母做过什么，也不要怀疑他对我们的爱。我们换位思考一下，你也会莫名其妙地对孩子发火，训斥你的孩子，但不代表你不爱他。所有的爸爸妈妈，都是有爱的，这是一种本能。

生命是最可贵的，当爸爸妈妈把生命赋予你的时候，他们就已经配得你所有的尊重，他们就已经完成了他们的任务，他们对你所有的抚养都是多出来的恩典。无论好与不好，他们都以他们认为最好的方式爱你了，只是那种方式可能不是你想要的。

爸爸妈妈已经用他们认为最好的方式对待我们了，所以对爸爸妈妈不能有再多的苛求，而我们可以自己去疗愈过往的伤痛。

爸爸妈妈是不会改变的，你能做的是改变自己，改变自己看待世界的角度。当你疗愈创伤，抚平焦虑，你就会还原自己本该有的样子。当你内在的小孩长大了，能够为自己的生命负责，有能力爱自己，就不会再向爸爸妈妈去索取爱，而是成为光，用爱滋养自己，回归到自己的生命中心，重新做你自己。

所以，当你带着这样的觉知拥抱原生家庭，你就不会再有任何怨恨，你就不会再有任何的挑剔和指责，而是会感谢他们把你带到这个世界，感谢他们给予你生命，感谢他们抚育你成人。

婚姻：痛苦婚姻的背后，都藏着未被满足的期待

绝大多数女性对婚姻都是有所期待的，期待婚姻带给自己安全感；期待婚姻给予自己物质需求；期待伴侣缓解自己内心的孤独感；期待伴侣能够体谅和理解自己……

每个人的头脑里，其实都有一整套关于婚姻和伴侣“应该如何”的假设，而这一整套“应该”的假设背后，都有自己的经验、需要、期待和欲望。

也就是说，我们非常容易把婚姻或伴侣理想化，期待伴侣按照自己的想法做事，期待婚姻就是自己想要的样子。很多时候，你不是选择了眼前的伴侣，而是选择了心里那个理想化的情人，对婚姻有了过高的期待。

可很多女性一开始并不清楚自己想要的对象是什么样子，我们上学学知识找工作，却忽略了结婚也需要学习。很多人没有上过婚姻大学，也没有上过婚前教育课，所以很多人根本不清楚爱是什么，婚姻需要的方向是什么，什么样的人适合她。

在经营婚姻的时候，一开始觉得爱情都很美好，所有的注意力都放在彼此身上，你侬我侬。可是进入了柴米油盐的阶段，大家的注意力就分散了，没有那么多注意力放在伴侣身上。

这时，很多人就会感觉：他怎么跟以前不一样了呢？因为每一个人对待事物的观点不一样，内心的期待也不一样。

在我的第一段婚姻里，我百分之百的精力都放在了工作赚钱上，我觉得他也应该像我一样努力赚钱，甚至要赚得比我多；我每天工作10小时，我希望他能工作11小时；我出去忙事业，也希望他出去忙事业，而不是在家安逸地炒股票。

我期待的他都做不到，于是我看他哪里都不顺眼。后来，我生病了，医生告诉我很难治愈，我不能接受这个残酷的现实，我把所有的错都归咎于他：

“他所有的注意力都放在自己身上，没有放在我身上。”“天啊，我怎么找了一个这样的男人。”“他一点都不知道疼爱老婆，也不懂得满足我的需求……”

一切都是他不好，一切都是他的错。我甚至不相信自己会生病，所以在医院大闹了一场，后果就是被带进拘留所。

不经一事，不长一智，我从拘留所出来的那一刻，决定结束10年的婚姻关系，结束前半生疲于奔命的状态，打算给自己两年时间闭关，好好调整心态。

我开始修心，不担心时间，不担心金钱，我在这样的状态下，内在智慧也开始觉醒，我深刻地认识到曾经的自己陷在小我的世界，陷入自己制造的受害者旋涡里，就像一只刺猬，用刺保护自己，不断向外证明自己的强大，却伤害了身边人。

我开始学习转念，感谢我的前夫，如果没有他，我没有办法认识到我的意识错误，不能意识到我一直在用埋怨的方式处理问题，导致失去健康、失去婚姻，生命用失去来唤醒我的内在成长。

我唯一需要做的就是好好活着，活出真实的自我。当我真正转变的时候，也是生命成长的开始。

这时，一个来自中国台湾，名叫丹尼斯的宝藏男孩来到我的身边。他认定我是他唯一想要一辈子守护的女孩。

看到我经常跌倒、拿不了重物、脚抬不起、四肢无力，他眼里满是心疼。我努力克服着自己的胆怯和自卑，如实告知我的婚姻情况和健康情况，原以为他会被吓跑，没想到他为了我放弃了所有的工作，义无反顾地照顾我。无论我说了多少次，这个罕见病没救了，他都耐心地鼓舞着我："这个病一定可以痊愈。"

我永远无法忘记，在我患病无力没有办法穿衣服时，他说，要做我的手；当我眼睛看不清方向的时候，他说，要做我的眼睛……在我事业和生活跌入谷底，最无助绝望的时候，是他用不计回报的爱，把我一点点融化，让我知道，原来我是值得被爱的，是值得拥有幸福的。

正如《力量》所言："生命中的一切都不是偶发，而是对你的回应。"真爱的力量感动了老天，让我一个重症肌无力全身ⅡB型病人，在短短的3年时间里，慢慢恢复到生活能基本自理的状态，连医生都称我实属全国病友中的奇迹。

我放下小我和不安，也给予他更多的理解和赞赏，我们共同设定一起白头偕老的愿景，一起同修心理学，笃定做家庭幸福传承人，渡人渡己。当我们的愿景一致，一切的苦难都不是事。

慢慢地，我内在的小孩终于长大，愿意为自己负责，为我的爱负责，不再强求对方去满足我的期待，不再畏惧伴侣为我做什么，不再畏惧伴侣会离开，这是生命成长核心的转念。

Part 02

孕育：

生命的伟大在于孕育新生命

当我们清晰知道自己在生命的哪个阶段，成长就会更有方向。有方向的人生在航行，没有方向的人生在流浪。

生命成长，从决定成为观察者开始

阶段：生命成长的六大阶段

生命的成长，从认识自我开始。2400多年前，有人问苏格拉底："世上何事最难？"他回答："认识你自己。"这句话也被刻在了古希腊德尔菲神庙上，警醒着世人。

我们都需要清楚自己是一个什么样的人，和周围的关系是怎样的，要认识到这一点，我们需要知道生命成长有六大阶段。

每一个阶段都会对应着相应的问题，接下来我们做一下测试，看看自己在哪个阶段的问题最多，那预示着我们的生命正停留在那个阶段，需要往下一个阶段去努力。

当我们清晰知道自己在生命的哪个阶段，成长就会更有方向。有方向的人生在航行，没有方向的人生在流浪。

▲ 第一阶段：问题期“看见”

在问题期，你会发现你的生命中有很多的指责、抱怨和困境。这时，不要沉浸在负面状态里，而是要看见每个体验中的细微变化，觉察自己身体哪个位置有感受，去辨识出负面状态。

1. 你是否经常感觉到恐惧、焦虑、愤怒、悲伤、怀恨、无助？

2. 你是否觉得自己不够好，总感觉自己存在缺憾？质疑对方不爱你？觉得自己很孤独？

3. 你是否对某些行为上瘾，如抽烟、喝酒、打游戏、拖延等？

4. 你是否有社交恐惧，无法经营人际关系，对外界有大量负面看法？

5. 你是否总觉得自己不够优秀、没有钱，和成功人士玩不来？

6. 你是否经常退缩、过度敏感、过度思虑、身心分离，一旦出现应激反应就攻击对方？

▲ 第二阶段：改变期“感受”

电脑需要不断升级，你的心也需要升级；意识需要升级，行为需要升级，我们每个人由内而外都需要升级，而升级的核心是灵魂的升级。

我们能感知世间万物，会有七情六欲，可最终还是会离开这个世界。人一旦觉醒，就会主动改变自己，会有很多的转念。

通过修心成长让你的生命升级的阶段就叫改变期，改变期有几个维度，如意愿度、注意力、松弛度，当你去共振内心深处觉醒的声音，愿意静下来去了解自己的生命的时候，你就有意愿改变自己。

1.当你指责别人时，是否感受到内在是没有力量的，其实是想让别人为你负责？

2.当你觉得别人是错的，你是对的时，你是否意识到自己将注意力放在了对他人的期待上，希望他人来满足自己？

3.当你愤怒的时候，你是否意识到自己害怕失去控制？

4. 当你没有自信的时候，你是否希望自己努力做好，以求不会被对方抛弃？

5. 当你觉得自己不够优秀时，是否觉得自己不值得别人对自己好？

6. 当你感觉孤独时，是否不敢对别人敞开自己？

▲ 第三阶段：混乱期“联结”

混乱期是最棒的时期，你需要快速察觉，回到生命中心，从旧模式中解脱出来，打破旧有观点，接受此刻发生的情绪感受，并且对自己说“欢迎，恭喜自己，突破考验”。

黎明前都有黑暗，创造生命前都有混乱，你可以相信自己，找到正向资源。

在混乱期我们要联结自己，要时刻在生命中心，回到一致性状态，告诉自己是安全的，是被接纳的。

1. 你是否觉得学习的时候状态良好，但回到家里，先生一激发你以前的应对模式，你马上用以前的方式对待？

2. 你有没有想要改变，但过不了几天，就会感到恐慌、茫然，不知道怎么办的经历？

3.你是否一方面想改变，一方面不想改变？

4.你是否时而讨好对方，时而指责对方；想掌控对方，又期待对方发生改变，来解决自己的问题？

5.你是否觉得自己在不断接纳，可是过不了多久又陷入崩溃、无助？

6.你是否已经在改变自己，但是过了一阵子，又回归到以前的旧有模式？

▲ 第四阶段：整合期“转化”

整合期是指你接受了新的知识系统，愿意跟过去的模式说再见，不再活在过去，也不活在未来，可以时刻回到自己的生命中心，时刻可以转念，也时刻可以保持觉知和觉察，去了解自己想要什么，能做什么，不能做什么。这时候，就进入了整合期。

一念之转，回归生命的力量，就叫整合期。

1.你是否保持觉察，心生感恩之心，把源头变成你的正向资源？

2.你是否能够带着好奇，和对方的心灵连接，去创造更多的可能性？

3.你是否能够真诚地去赞赏别人？

4.你是否能够尊重别人的价值观，不替别人做任何重要决定？

5.你是否能够放下对自己的评断，不再排斥自己？

6.你是否能够在沟通时保持真诚，时刻观察、引导、陪伴和赋能？

▲ 第五阶段：实践期“种子”

生命中，能说的老师太多了，能做到的老师太少了。生命是有层次的，你所说的语言是赋能给别人的，还是想要证明自己厉害，这是两个层次。

所以实践期的核心是做到，这才是种子的力量。种子的力量是自己做到了，再分享给别人；只是做自己所说，说自己所做的部分，它是实践的力量。

你可以把学到的技术落实到家庭、事业、生活中，扎扎实实做实践，扎扎实实去突破。

1.你是否说自己所做，做自己所说？

2.你是否能够把创伤变成资源，降低期待，看见内心的渴望？

3.你是否能够将生命中有创造性的正向事件，用呼吸带入生命中心，去感受和联结这份美好的体验？

4.你是否能帮助对方感受到力量，并且对方愿意改变？

5.你是否能够联结对方的感受，觉察应对模式？

6.你的内在是否有源源不断的声音冒出来？

▲ 第六阶段：创造期“正向”

创造期，就是你活出自己领袖的中心位置的阶段，这时就会时刻有创造。

因为你已经知道你的天赋、才华是什么，你也知道你的尺度是什么，你就知道自己该怎么做了。你可以把一切阻力转变为助力，阻力和助力都是你创造性的核心，生命中的一切都是自己的正向资源，这才是真正地活出领袖的中心位置。

1.你是否创造出了一个以前没有过的结果，比如一个正向目标？

2.你是否清楚自己的优势，并且活在自己的优势中？

3.你是否能够将自己所渴望的轻盈喜悦地创造出来？

4.你是否能听见生命的召唤，带着正向资源去看待问题，把苦难化为恩典？

5.你是否能感受到生命的轻而易举？

6.你是否重塑了你的生命，活出生命的自在与创造？

孕育：妈妈的心念会影响孩子的生命成长

很多父母受家乡传统文化的影响，孕育生命的时候，妈妈更希望胎儿是一个男孩。

如果在检查中发现是女孩，要是妈妈想过“孩子要还是不要”“是不是要去流产”，孩子在成长过程中就会生出一种恐惧：“我是否会被遗弃？”

这样的恐惧和焦虑会从小到大一直存在，贯穿她的生命始终。这些焦虑是可以被疗愈的，转念生命成长体系可以疗愈这样的焦虑。

当孩子出生后，如果妈妈内心是不想要的，她就会把女孩当成男孩来养，这会造成孩子性别的错位。

性别错位对于孩子是一个极大的功课，因为生命是先由接受自己的性别才开始疗愈的。孩子感受到自己不被接受的时候，就会时时有焦虑，总是害怕被遗弃，没有安全感。

孩子内心还会有一种声音说“如果我是男孩儿就好了”，这一切都会影响女性的荷尔蒙分泌，会影响女性的阴柔之美。这样的女孩儿性格通常更加中性，着装比较喜欢穿硬朗的衣服，因为想要证明自己，让自己与众不同。同时会不断地孝顺父母，因为孝顺父母也是一种证明，她要证明自己比男孩更有用、更孝顺。

孩子在成长时，也会伴随有各种各样的焦虑：婴儿期，有分离焦虑，黏妈妈，和妈妈分开后会焦虑；幼儿期，有对陌生人的焦虑和恐惧，见到陌生人会哭闹；小学期，会感到成绩的压力，与同学相处的压力；初中期，有社会认同度、敏感度的焦虑；高中时期，有身份认同的焦虑，特别在乎别人是否认同他。

这一切的证明并不能带给生命和生活更大的幸福，反而是一种深深的伤痛。

我们该如何穿越这份束缚，让伤痛转念成为生命的礼物呢？

我们需要看见女性的优势是可以孕育生命，见证生命的奇迹和伟大。

孩子：引领孩子活出生命的天赋

很多父母是企业家，平时都在忙工作，没有时间照顾孩子，久而久之就对孩子有内疚感，可如果你一直陷入内疚的世界里，又不愿意花时间陪伴孩子，依然觉得工作很重要，这会让你陷入瞎忙的状态，你会越忙越迷茫。

忙碌、瞎忙、迷茫会形成一个负向循环，让你走不出来，只会为了让孩子上好的学校而去赚更多的钱，可是你赚钱是为了赎罪，还是为了填补缺失？

很多人都活得本末倒置，我们该如何从这样的负向循环中走出来，完成转变呢？

你真正要做到的是学会断舍离，达到事业和孩子兼顾的平衡。

在事业上做到断舍离不是让你舍弃事业，而是要清楚你的天赋优势是什么，将你的天赋发挥到极致。一旦你找到了自己的独特优势，也就找到了自己的核心竞争力，这样才能更好地活出自己。在照顾好别人之前，请先照顾好自己。

古希腊物理学家阿基米德曾经说过："给我一个支点，我就可以撬动地球。"这便是运用杠杆原理，巧力办大事。在现实生活中，优势就像杠杆一样，是成长和职业的有力抓手，只有找到优势，有效努力，才能获得事业上的更大成功。

断舍离，是断掉一些你做不了的事情，断掉你不擅长的事情，把这些外包给别人，这样你就有更多的时间来陪伴孩子。

很多人在孩子小的时候，没有给予他需要的陪伴，或者在陪伴的时候玩手机，没有给予孩子高频的注意力。

这里说的高频注意力，不是把百分之百的时间花在孩子身上，而是引导孩子活出自己生命的精彩。

所以，我们可以多练习有助于培养孩子优势的活动。想想孩子一天当中参与的活动，其中应该有很多可以用来培养他的注意力，帮助他发展优势。关键在于，你要转念看待这些活动，化

“绊脚石”为“垫脚石”。你可以这样问问自己：

1.这一活动适合培养孩子的哪种优势？

2.我应该有怎样的期待？

3.我该怎样看待这一活动，才能让孩子明白如何发挥自身优势？

4.我该如何帮孩子运用自身优势完成这一活动，让他能更好地集中注意力、保持专注？

5.如果这项活动需要某种成长型优势、某种习得行为、某种兴趣爱好，我该如何帮助孩子进步？

从优势出发的孩子会坚强，有竞争力，对自己的优势和劣势有清楚的认识；会自信，乐于发掘自己最大的潜力，而不是一味追求外在定义的“成功”。

所以，不要困在情绪内耗里，而是要把内疚变成行动力，去花时间改变自己，为孩子赋能，引领孩子活在优势里。你不需要做到百分之百陪伴孩子，但是只要和孩子在一起，就全心聆听孩子的需要，感受孩子的需要，允许孩子做自我生命的选择。

同时要觉察自己对孩子的爱里面是否有控制，当你能活出自我，就会懂得生命的分寸感，该进入孩子生命的时候进入，该退出孩子生命的时候退出，给孩子支持的同时，保持界限；如果帮助孩子做完所有的选择，孩子长大后会失去面对生命里所有选择的力量。最大的成功，是放过自己。

要知道，一个人的勇气来源于他敢于选择，一个人的成功来源于他敢于选择，敢于放下，敢于冒险。你应该允许孩子做选择，哪怕这个选择是错的，也应该尊重孩子的选择，让他敢于选择。

这会增强他对自己生活的掌控感，催生出很多积极的情绪。孩子可以用它们来建立自己的美好事物储蓄账户，有这样一个账户的孩子，在遇到挑战时会有充裕的正能量为己所用。

引领孩子生命走向觉醒，赋予孩子最棒的能量，启发孩子的才华，让他自由地做自己，这才是智慧妈妈。

生命成长的九大课题

我们生活在一个充满色彩的世界中，但你可曾问过自己，自己的心灵是哪一种色彩？是燃烧着热情的红色，还是渴求爱情但又倔强的粉色？是充满希望和善良的绿色，还是充满焦虑、急躁不安的黄色？是不断逃避当下现实的紫色，还是洋溢着平静安乐的天蓝色？

色彩，拥有能量，对情绪有着直接的影响。而香氛色彩蕴含的力量更是无穷大。香氛色彩能够快速唤醒一个人的内在智慧和爱，让人快速回归身体的层面去感知、去觉察。

当我们面对生命课题时，香氛色彩能够加深我们对人生方向的理解，让我们真实自在地活出自己，给予我们在生命历程中所需要的支持。

恐惧：感知红色扎根大地的能量，发展“拥有力”

生活里很多负面情绪，如焦虑、愤怒、悲伤、自卑等，其实都来源于恐惧感。这些都来自人类在进化过程中长期所处的生存场景，将某些认知预装在我们的大脑里，存储在我们的基因里。

恐惧会用各种方式来影响身体。比如胃部会感到不适，呼吸会变得急促，声音和手也会颤抖。你能感受到这些，正反映出你对外部世界是缺少自信的，这样的状态容易促使别人以负面方式对待你，从而加深你的恐惧。

当恐惧成为你生存的主调，你会发现你的生命中有太多限制性的因素，阻碍你活出生命的广阔。

你总是担心财务问题，不敢轻易尝试改变，容易紧张焦虑，总是想逃避，不想回到现实生活中，这也说明你的生命里缺乏红色能量，红色能量的负面关键词之一就是“恐惧”。

红色在能量学里代表生存的基础，等同于马斯洛需求层次理论里的水、空气、食物和性。

红色能量匮乏的人有囤货的习惯，只有把冰箱填满、把衣柜填满、把房间填满才会觉得安心；在两性关系里，永远是那个被动和冷漠的角色；在事业上，没有目标和激情，明明知道应该动起来，但就是能拖就拖，认为自己做不到；在生活上，失去热情，看不到生机，每天都是一样的状态。

强烈的不安全感来自0—6岁童年时期父爱的缺失。因为有了不被满足的童年，才有了在成年以后错位的不安和索取。你的内心能不能与原生家庭和解，影响着你在亲密关系中的幸福度，也影响着你在事业发展中的动力大小。

很多人无法找到自己真正的人生道路，忙于向上生长，向上仰望，却忽略了向下扎根的力量，而只有向下扎根，才能获得滋养、力量、稳定性和成长。

向下扎根的能量也是红色的能量，是红色的正面能量，红色正面能量关键词之一是“热情”。

红色，是色谱中的第一种颜色，它的能量居于首位，所蕴含的生命力是一切活动的开始；红色，也是一种自然而原始的能量，会让人感到兴奋，充满激情，对生命充满热爱，想要发展，想要创造。这样身体的免疫力也会提升，就不容易生病。

如何激发出生命里的红色能量，在恐惧里转念，落地实操呢？

我们都是在匮乏的观念中长大的，面对生存课题，想要让恐惧落地，想要发展“拥有力”。

这就需要更多地自我觉察，要把更多的爱给予自己，肯定自己，鼓励自己，让自己拥有勇气，从而更加积极。我们要把“拥有力”提升到足够的高度，来满足我们一切所需。如果潜意识觉得“自己不值得拥有”，不配得感就会阻止我们拥有。

所以，仔细检视我们允许自己拥有的，只有不断提高内在的拥有配置，生长出根系力量，我们的生命活力才会得到强化，热情的红色能量才会从我们心底汩汩流出。

这样的落地，才会为我们的生命打好根基。落地就是当你有梦想的时候去实操。具体应该怎么做呢？

第一，你要把注意力放在梦想上。

第二，要脚踏实地地去做这件事情。

第三，让自己无限推进节奏。

第四，要向专业的前辈讨教经验。

第五，要有节奏地分析，最终实现梦想。

这就是落地的核心五步骤。但如果说你光有一个梦想，光想不做，那么就很难实现你的人生梦想。所以，一定要行动，行动，再行动。

我有一位完成转念生命成长体系全阶学业的学员志惠，她很小的时候父母就离异了，那时候他们经常在她面前吵架、打架。

她小时候经常挨爸爸的打，导致她小时候看到她爸爸就非常害怕，像老鼠见了猫一样，能躲就躲起来，尽量不让爸爸看见她。再到后来，她选择和父亲决裂。

直到2018年，她跟着我学习转念课程，她说她才开始看见过往那个受伤的自己。这个“伤痕累累”的孩子，一直在等她的爱与看见，而她却因为恨，忽视了自己内在受伤的孩子这么多年。

通过学习，她知道了如何转化心里的恨为感恩，把祝福送给父亲。后来通过不断地实践，她和爸爸和好了，甚至成了很好的朋友关系。

当我们能够落地行动，就会变得谦卑，感受到坚定正向的生活态度。

【生命课题作业】

练习“去拥有”

很多人存在感低的核心原因是把注意力放在了匮乏而不是“拥有”上。可以做感恩冥想。

请列出10项你目前已经拥有的人和事物的清单。

01.

02.

03.

04.

05.

06.

07.

08.

09.

10.

内疚：挖掘橙色能量，培养关系力

内疚和羞耻，也许是这个世界上我们最不愿面对的感受，因为这样的情绪会限制我们的表达，让我们觉得自己错了。

内疚的产生，源自付出与接受的失衡。这也反映出你的生命里缺乏橙色能量，缺乏橙色能量的人总是会压抑自己的感受，考虑别人的感受，橙色能量的负面关键词之一就是内疚。

橙色在能量学里是值得每一个人重视的颜色，它代表着情绪和关系。当你的橙色能量匮乏的时候，无论做什么都没有办法让你开心，总是感觉很沮丧，在亲密关系中情绪内耗，总是担心对方不喜欢你，看不起你；在父母关系中情绪内耗，感到内疚；在亲子关系里缺少陪伴，也会感到内疚。

对负面情绪的觉察、正确地释放情绪，以及关系的调整对每一个人来说都是重要的课题。我们该如何面对内疚，去发现生命中橙色的正向能量呢？

我们需要通过生命成长打开关系力。橙色正向能量的关键词之一是快乐。

橙色是被太阳亲吻的颜色，是最接近阳光的颜色，温暖热烈，活力十足；橙色是母亲的颜色，是阳光照耀大地，亲吻世间万物的颜色；橙色是秋天丰收的颜色，是麦田、玉米、南瓜、红薯的颜色，是辛勤耕耘的农家人脸上的颜色。

所以当我们感受到橙色负面能量内疚时，不要觉得内疚不好，而是要转念：内疚的产生，其实是在提醒你“关系需要调整”了。

当你察觉到自己的内疚，你需要自由地表达和流动，需要透过满足和身体的需要，让意识安全地进入更宽广的层面，及时做出补偿，自己和自己建立好关系。当对方产生内疚时，我们也要给对方机会，让对方完成他的补偿。

当你懂得接纳自己的内疚，并帮助对方接纳他自己的内疚，关系就会自然地流动，自然地走向和谐。不要求别人，而是专注于自己的成长，你和他人的关系就会越来越好。关系是生命的核心因素，是我们痛苦的主要来源，也是我们幸福的主要来源。

我们不断学习，发展关系力，关系力平衡，和谐自然就能够快乐，因而创造力无限。学员婧漫写的一封信曾这样说：

> “当我仅是学员学生的时候，我就能够感受并且知道您的付出、您的大爱。
>
> “对于您个人：教我们在这混乱的红尘中修行，学以致用，去疗愈自己、疗愈家人、疗愈孩子、疗愈社会，让我们拥有幸福的超能力，拥有自爱并给予爱的能力。
>
> “而对于您创造的平台：我每次在这里都很心安，这里包容一切，允许人不完美、允许人有千奇百怪的特点、允许每个人不一样。还允许我带孩子上课，并且同修们都很有大爱，给予我和女儿很多的爱和快乐！感谢！感谢！感谢！”

婧漫发展的关系力是她成长的动力，我们也一样。我们可以通过与其他人的连接来扩展自己的生命体验，获得快乐，因为我们自己身体感受到的体验是非常有限的。

在课上，我也经常带领学员使用橙色香氛来安稳心神，让内心的情绪有一个出口，这样可以排解内心的负面情绪，获得快乐。

所以，当我们很好地熟悉和运用橙色能量，让橙色能量充沛且均衡的时候，我们就会变得柔软、温和、大度、慈悲，充满了感受力和创造力。

掌控：提升“改变力”，才能拥有正向影响力

我帮助过很多人，她们总觉得幸运的事情不会发生在自己身上，自己不配拥有好的工作，不配拥有好的人生，觉得自己不配休息，感觉“我怎么能这样浪费时间呢？我应该干点什么事，我干点什么事才有意义，我怎么可以坐在这里每天就看看风景？”。

完全没有自我价值感的人，是很难感受幸福的。所以，她们会尽可能多地通过控制去展现自己是谁，去证明自己的价值。潜意识的信念是：想要控制一切，非常害怕失去控制。这是由于内在的自我价值感很低，没有力量所导致的。

可是越害怕失去控制，越想要掌控。对失去控制的恐惧日积月累，逐渐会在身体层面体现出来，如肠胃不好、爱拉肚子、食欲减退、消化功能受影响。

很多人之所以对自己不自信，对自己的能力没有掌控感，是因为一直都在过着被控制的人生，从小就被教导要放弃自己的意志，去听各种权威的声音，先是父母，然后是学校、老师、老板等。

当你不断地顺从，你就会和自己的内在意志失去连接，最后发现自己无力抵抗，只能从外在寻找力量寻求别人的指引，希望被看见。

可是越缺乏内在力量，就越会一直不断地寻求刺激、兴奋感和外在活动，害怕自己慢下来，去感受内在的那份空虚。这也说明你的生命里缺乏黄色能量，缺乏黄色能量的人内心是没有力量的，对自己没有认同，害怕失去控制，黄色能量的负面关键词之一就是掌控。

如果黄色能量过盛，自尊心和控制欲会特别强。这样的人迷恋控制的感觉，喜欢把个人的想法强加给别人，强迫他人要认同自己。虽然表现不同，但这其实也是一种求证明的状态。

想得到他人的认可，却选择了一种比较强硬的方式，通过周围人的顺从，来证明自己是对的，这样的成就感，也是控制欲带来的结果。试图控制周围的人和事，强迫他们按照自己的意思去做，而不是让其自然流动发生，这有悖于事物发展的规律。

如何把黄色能量的正向能量激发出来呢？

从色彩心理学的角度来说，黄色能传递正向的情绪，**黄色能量的正面关键词之一就是力量。**

大部分人知道黄色在能量学里和财富相关，但是并不知道其核心原理是自己和自己的关系。

财富一定是流向那些黄色能量均衡且丰盈的人，是你的思考模式和行为决定了你遇见任何事件的结果。黄色能量充盈的人往往都具有化危险为机会的能力。

有些人总是因为某样东西价格便宜而采购，总是退而求其次，不敢拥有内心真正想要的，这些都是由于配得感低，觉得自己不值得拥有。我们应该打破恐惧和退缩，重新用爱和接纳进行自我连接。

我们要把注意力放在行动上，意识到变化只能来自我们自身的努力，所以，我们需要发展“改变力”。如果我们只是责怪他人，把希望放在他人的改变上，这是我们没有办法控制的，只有我们负担起自己的责任，做出行动，建立影响力，才能摆脱受害者困境，获得真正的疗愈。

比如转念全阶学员雪妮，她之前在家庭关系中，总是评判、挑剔、指责、说教……特别是在她女儿刚进入初中的时候，她忽略了青春期的孩子在那个时期的敏感、困惑、迷茫，同时她自己也没有经验教育女儿如何面对这些感受，不知道如何帮助女儿成长，心理上疏忽，行为上懈怠，又恰逢新冠肺炎疫情三年，亲子关系变得紧张。

她感慨幸好自己在学习，及时觉察到自己内心反应，反省和改变方法后，现在她对孩子更多的是欣赏、理解、包容和支持，女儿也因为她的改变开始更加坚定自己的人生目标，更清晰自己人生的方向，变得越来越自信、大方，和她的沟通也越来越愉快。

雪妮从害怕失去掌控到充满力量，就是不断修炼黄色能量“改变力”的过程，也是不断成长的过程。黄色能量的信念转化，需要通过视野的扩大和创造力的提升来实现，用更多的正向反馈来塑造坚定的内核。

活出自我中心的力量，是非常重要的一个心理能量。在这个世界能够找到自己，有了自我后回归生命中心，才存在有意义的世界。

我们的文化中也有一个非常具有自我中心感的学说，那就是“心学”。心学中有一句很著名的话，叫吾心即宇宙，宇宙即吾心。心外无物，这是多么强的自我中心感。也就是说，如果一个事物进入不了我的世界，那么这个事物对我就没有意义。

你不需要向任何人证明自己的存在，他人的认可也不能决定你的价值。你只需要倾听内心的声音，听从真实自我的指引。

当你找到自己，世界也会找到你。

悲伤：拥有“成长力”，感受绿色爱的平衡

人到中年，经常会感受到生命的无常。任何丧失，都会导致悲伤。

一场大病、一场灾难或亲人意外死亡，都有可能轻而易举地摧毁一个人。这些伤痛会让我们产生质疑“为什么是我”“为什么会发生在我身上”，我们抱怨命运的不公，哀叹自己的不幸。

悲伤本身并不一定会导致心理问题，它之所以令我们陷入困境，常常是因为我们想否认人生的悲剧性。你很惨，没人爱你，这种事实太难以承受了，于是你骗自己，对自己也对别人说，你很好，你很幸福，其实有很多人爱你。

这种自我欺骗暂时会令自己好受一些，但最终会在我们的精神世界中竖起一堵墙，将我们的心与人生真相隔开，而且这道墙会越来越厚，于是就会产生心理问题，我们会把自己封闭起来，让自己越来越固执，甚至走向抑郁。

这些伤痛会让我们的内在缺乏安全感，这使得我们容易把自己最深沉的感受隐藏起来，压抑在心里。久而久之，我们就会感受到胸闷、心悸，女性还会感受到胸部刺痛、免疫系统失调，甚至循环系统也会出现问题。

迟迟从悲伤里走不出来说明生命里缺乏绿色能量，缺乏绿色能量的人内心渴望亲密、渴望被爱，而绿色能量的负面关键词之一就是悲伤。

如何在悲伤中转念，激发出绿色的正面能量呢？

绿色的正面能量关键词之一是爱。绿色，蕴含着慈悲、善良与付出。爱的力量，能够让人的内心更加平和，能平衡人的整体能量。

绿色是心的颜色，它传达的是一种无条件的爱。而悲伤，允许自己悲伤的过程则是爱自己的表现，是告别悲惨过去的必经之路。表达悲伤，真切而纯粹的悲伤，不是表演出来的悲伤，不是为了获得什么好处，不是为了获得别人的可怜与同情，而仅仅是为了直面自己的不幸。

当悲伤自然流动时，会泪如泉涌，泪水就像是心灵的洪水，会冲垮我们在心中建立的各种各样的墙。随着心灵之墙的一一倒塌，你坦然接受了悲惨的人生真相，你不再去否认，也不再去和这些注定不可能改变的事实较劲，你的心理能量就会获得解放，重新回到自己身上。

关于悲伤，一名美国心理学家曾说：“悲伤把你的注意力从积极的生活中转移开，注意力来到了消极的情绪内耗或者关系内耗里。”相信许多人都有这种体验，极大的悲伤确实会改变我们的人生态度，使我们明白什么是人生中真正重要的。这也是悲伤带给我们的馈赠，让我们对爱、慈悲的理解更为深入。

渴望得到爱的最好的方式是给予爱，无论是通过赞美、认可还是身体的滋养，这些能量最终都会回到我们自己身上来，激发出绿色无条件爱的平衡能量。

转念全阶有位学员在别人眼里是一个女强人，她能力强、性格强。可只有她自己知道，受原生家庭的教育影响，她要求自己做什么都要比别人好，一定要比别人优秀，这让她的精神长时间处于紧绷状态，不允许自己不好，甚至无意识地活在了自我证明的世界里。

这样的性格确实也能取得一些成果，但心累、孤独、没有安全感，她只有在自己一个人静下来的时候才能明显感受到。

直到她了解了转念，真真切切地感受到被允许，允许做自己、允许一切发生、允许自己不完美，那一刻，她才终于放下了过去一直端着的架子，还有做“一个好人”的执念，卸下了伪装和长年背负着父母期望前行的重担。

当把一切交给别人，她意识到她只是自己的那一刻，她感受到了从未有过的轻松与自在。她的成长力通过不断地接纳自我，感受到了生命的慈悲与善良，活出了绿色中爱的平衡能量。

绿色，是生命的颜色，也是大自然接纳万物的颜色，绿色存在于万物之间。让我们尽情放松，让我们恢复完整，爱就是最终的疗愈力量。

【生命课题作业】

练习“去爱”

1. 种出爱的种子，你越需要爱，就越需要给出爱；你需要快乐，就要帮助别人快乐；你讨厌谁，就祝福谁。
2. 请发信息给你的父母，写上感恩的语言；请发信息给你的贵人，写上感恩的语言；请发信息给你伤害过的人，送上抱歉，也一并送上祝福。
3. 发信息时，特别写出对方的三个美好特质。

谎言：在天蓝色能量里，找到表达力的力量

很多时候，我们隐藏真实感受、想法和痛苦，害怕表达内心的真实想法，觉得一旦我们表达真实想法，就没面子，害怕表达了会伤害对方，于是在沟通上总是做出相反的表达，心口不一，最终导致行为与内心想法不一致。

当我们有恨意，嫉妒、排斥、讨厌对方却不愿意承认时，会导致一个更可怕的事实，那就是我们以为自己是在表达爱，其实是为了隐藏恨。比如婆媳之间的相处，彼此看不惯，可又不想破坏关系，于是隐忍，可是总有一个时机，让你再也忍不下去，揭竿而起，走向分离。

正常关系有好有坏、有爱有恨、有创造有毁灭，当我们能够完整地看待这一切，我们就能拥抱完整的关系，我们的心和关系，本身就是一个大容器，可以容纳这一切，不仅爱可以在容器中流动，恨也一样。

如果你一直隐藏着内心的愤怒，活在角色里，害怕说出真实想法，说明你的生命里天蓝色的能量是匮乏的，天蓝色负面能量的关键词之一是谎言。你重视别人的想法超过自己，你没有认识到真实的自己，没有表达自己的声音，这常常让你感到沮丧。

天蓝色是表达力的颜色，能够帮助人们认识到真相。我在做个案疗愈的时候，经常会用天蓝色的香氛帮助学员释放积压在脖子和胸口中的郁结，让胸口舒展开来。

而天蓝色的正面能量之一就是真诚，如何能够敢于表达自己，真诚沟通呢?

我们可以从关系入手，关系就是一切，一切都是为了关系，我们不能离开关系而独活。但是，我们的确需要去分辨，关系到底是滋养性的，还是损耗性的。衡量标准就是在这个关系中，有多少无条件积极关注，又有多少有条件关注。

无条件积极关注，基本等同于“无条件的爱”。顾名思义，无条件的爱就是我对你好，是没有任何附加条件的。

相反，有条件的爱就是我认可你、鼓励你、接受你是有条件的，你必须达到这些条件，我才给你这些你想要的；如果达不到，我就不给。

当你对这些越来越明白后，我们可以远离损耗性的关系，亲近滋养性的关系，还可以去创造滋养性的关系，减少关系中损耗的部分。这样我们就可以在滋养性的关系中真诚地去表达自己的想法，远离那些消耗性的关系，做到断舍离。

敏感：成为观察者，在靛蓝色能量里训练“觉醒力”

有些人在享受生活的时候，觉得挺内疚的，觉得生活过于放纵；工作的时候又很焦虑，对未来迷茫，甚至喜欢把事情往最坏处想，会把一件很小的事情想象成大难临头。

这就是靛蓝色能量失衡的人常出现的恶性循环怀疑和过度谨慎，靛蓝色负面能量的关键词之一就是敏感。因为敏感，所以容易纠结、怀疑、选择困难，产生强迫思维、强迫行为，甚至引发惊恐。

这一类人大多拥有非常严谨的逻辑思路，也因为过于敏感，导致他们花大量时间停留在思考上，如果某个环节没有考虑清楚，就不敢采取任何行动。生活中任何的风吹草动都会让他们的内心无法平静。

撒哈拉沙漠中有一种小动物叫沙鼠，每当旱季快到的时候，它们都会囤积大量的草根，即使沙地上的草根已经足够让它们度过旱季，它们依然不停地工作，不然就会烦躁不安，嗷嗷叫个不停。

研究人员做过这样一项实验，把沙鼠关在笼子里让它们丰衣足食，它们很快就死去了。后来，研究人员发现，沙鼠的死亡并不是实际的生存威胁导致的，而是由于它们认为自己没有囤积到足够的草根所产生的极度幻想感而引发的。

靛蓝色能量失衡也是如此，过度焦虑会导致头疼，做噩梦，心跳过快，甚至会影响脑部和神经系统。

我们该如何平衡靛蓝色能量，发挥出它的正向能量呢?

其实，靛蓝色是非常低调的一种颜色，因此可以传递出简单、低调、深邃、理智、不张扬的情绪。靛蓝色正面能量的关键词之一就是直觉。

如果你总是在跟随你的头脑，不停思考，胡思乱想，你会被头脑困住，饱受痛苦。要想做出明智的抉择，关键在于要找到你内心的观察者，要时刻留意你在想些什么。

我们经常说“活在当下”，就是在当下面临选择时，是回应自己内心的天使还是魔鬼。

改变生活的关键是要安抚内心的恶魔，找到它的根源所在，不断地觉察你的念头，每一次觉察都是在与头脑分离，当觉察的次数多了，觉察的力量不够强时，头脑就无法再控制你，你就不再与假我合一。

具体如何做呢？

弄清楚怎样才能让自己的内心更加安静；

打破长久以来一直在束缚你的幻象；

反复强化你的行动计划，让你今后的思想和行动都更加积极；

留心观察你的每一点变化，记录下你的进步。

当靛蓝色能量在觉察中达到平衡时，你就成了很棒的观察者，直觉能力很强，会理解生命中发生的所有事件，都是为了让自己有所成长。负面情绪里包含着非常多重要的信息，打开这个信息，才能真正地了解自己。

了解每一个情绪都是一种语言，都是带着信息来与我们沟通的。当我们带着觉知，而不是无意识地去看这些情绪的时候，就会发现情绪并没有好坏之分，也不存在真正的“负面情绪”。

情绪就像是送信人，每一封信都来自我们的内心。当你好好地收下这个消息，理解并处理好这封信，送信人就会离开。

当你觉察到自己所有这些念头和情绪的时候，试着练习不去放大而是拥抱它们，慢慢地让自己平静下来，疗愈创伤，抚平焦虑，还原你本该有的样子。

觉察，是心理学的核心概念；觉察，也是一切改变的开始。

【生命课题作业】

练习“去觉察”

每天抽出一点时间回顾你的计划，你从每天的经历中学到了什么？

找一个不被打扰的时间，放松。

回答下面的问题：

- 我善待自己了吗？
- 我是如何应对压力的？
- 我找到压力或消极行为的根源（真正的恶魔）了吗？

如果你的答案是YES，那说明你今天取得了很大的进步。

如果你的答案都是NO，也不要对自己太苛刻，重新开始吧！

养成良好的习惯，每天问自己，善待自己，多认可自己。

执念：觉知者，在紫色能量中修炼“智慧力”

我们会发现很多创业女性会在入睡时有睡眠障碍，无论做什么都很难去享受其中的快乐和满足感，总想追求完美，会害怕失败，在家也感到不自在、不舒服、不自然。

这是紫色能量匮乏时最容易出现的情况，紫色负面能量的关键词之一是执念。内心深处有太多的执念，以至于心不够静，不够安定。

紫色是非常讨人喜欢的颜色，它会呈现一种高雅的状态。喜欢这种颜色的人敏感而感性，富有创造力，它是一些艺术家和设计师很喜欢的颜色。

以紫色能量为主导的人会有很强的审美意识，他们有十分敏锐的洞察力，有超乎常人的感知能力，因此有成为分析师和艺术家的潜质。他们是那种会因为一阵风吹来，或听到一句歌词，抑或是看到一幅画而泪流满面的人。他们总是能察觉到其他人无法感受到的细节。

他们往往自命不凡，内心强烈渴望他人肯定自己的才华。为了达到这个目的，他们常常会显得有一些骄傲和挑剔。当别人质疑他们的时候，他们会认为是这个人无法理解自己，认为彼此是道不同不相为谋，他们很少去反思自己的问题。

有执念就容易陷入孤独，一旦被理解，就会得到极大的满足和释放，呈现出无法想象的力量，极有可能会成为伟大的领袖。而他们一旦陷入负面的情绪，就会变得十分内向，逃避现实、批判他人、批判现实，甚至会显得与周围人格格不入，“众人皆醉我独醒”。

如何活出紫色的正面能量呢？紫色正面能量的关键词之一是智慧。

我们的智慧，都从清净心、宁静的心自然流露出来。想要获得智慧，那就得从自身下功夫。智慧不是从外面习得而来的，而是从内心中生发出来的。我们每个人的内心深处都潜藏着巨大的智慧，若能把它开发出来，便可开悟。

当我们安静下来，保持“空”的一种状态时，源源不断的灵感、智慧才会涌现。所以，我执也因此成为自身的首要心魔。只有破除心魔，才能得“道”，得智慧，才能更好地指引自己，影响更多人活出生命的美好。

紫色能量充盈和平衡的人是笃定的。因为你知道你的人生方向和生命价值在哪里，所以不论现在是否有人认同和跟随你，你都会勇敢地向前出发。勇者无惧方自由。

【生命课题作业】

“去觉知”

引导词：

接下来，让我来引导你进入静心的旅程。

首先确认自己的穿着放松、自在，选择一个盘腿的坐垫或座椅，听着静心冥想音乐。

接着请放松地坐着，闭上双眼，调整自己的坐姿，让自己先搓热双手，合十举向天际，颈椎放松、挺直，先进行几次腹式呼吸，鼻子吸气，嘴巴呼气，吸气的时候腹部鼓起，呼气的时候腹部收缩。

持续做几次深呼吸，鼻子吸，嘴巴呼，尽可能吐完吸进去的空气，在吐到最后一口气时，再收缩一次腹部，将身体里存储的气一次性清空。

接下来，慢慢放下合十的双手在胸前，再做几次深呼吸，鼻子吸气，鼻子吐气，你感觉到身体更放松了，呼吸更顺畅了。接着请将双手慢慢放下，手抱乾坤，左手在内，右手在外，自然叠合，持续进行腹式呼吸，通过有意识地观照呼吸调整呼吸，让自己通过观照呼吸、调整呼吸，进入第一步骤的放松状态。

接着进入第二步，观照念头。在呼吸过程中，观照着每一个升起的念头，看着它升起，看着它消失，不认同也不助长，你感觉意识渐渐放慢了。

这时，开始进入第三步，觉察每一个升起的念头，观照每个思绪念头，观照自己生命过往在什么样的观点里苦苦挣扎，经过觉察连接上后，进入第四步的化转。不管觉察与生命有什么样的关联，最后将这一切交托给更大的意识，内在观想一个自然浮现的彩光，透过这个彩光，将所有的念头、故事、观点、生命模式都融化成光。在静心的过程中，持续保持觉知地进行这些步骤，直到你进入更深一层的静心意识的状态。

一层层的放空融入光中，直到你感觉到松、空、静、定，让自己享受在这个空间里。在这个空间，当你感觉充满能量，你可以选择通过呼吸回归到身体的意识，再次合十双手，举向天际，做几次深呼吸，再合十回到胸前，再做几次深呼吸，接着搓搓双手，将双手手心放在心轮上，感受整个身心充盈着爱。

接着，睁开眼睛，回到你所处的空间。将静心带入生活中，在静心中工作，在静心中活动，在静心中享受生活的每一个片段。

不臣服：在白色能量里臣服，才能被“感恩力”滋养

我们课程中的女性学员都特别优秀，有自己的事业，是创业女性；也特别坚强，不管遇到什么问题，都是自己扛下来并解决。但是我发现很多伙伴活得很僵硬，像男人一样做事、挣钱。

总感觉她们缺失一点女性本该有的那份柔韧和弹性，活脱脱把自己的能量活出了一副坚韧的阳刚能量。所以在解决很多人际关系问题的时候，很容易受伤。对孩子、对家人、对老公、对他人都很死板僵硬，很容易碰壁、受挫。

这其实也是生命中白色能量匮乏的表现，白色负面能量的关

键词之一就是不臣服。

生命就像一面镜子，它能映照出你自己。只有当你相信自己值得被爱时，才会看到这个爱你的世界，才能活出自己的特质。真正活通透的女人就像是绽放的花朵，兼具各种能量。

她有小孩的可爱，有少女的甜美，有成人的智慧，有妈妈的慈悲，又有像男人一样的智慧和果断。能活出女性特质里的阴柔，而又不失力量。你在和他人相处时，能及时地切换自己的角色，柔韧而有弹性。当你活出你的阴和阳、高和低、刚与柔、上和下的时候，你的生命多半都是顺遂的、有色彩的。

在香氛色彩解读中，白色代表纯洁、善良、付出。白色象征着阳光，最正向，也是治愈的颜色。

白色正面能量的关键词之一就是好运。

生活中，有的人总是一副精神萎靡、愁容满面、无精打采的样子，这种人大多数身体状况不佳，显得“一脸苦相”。有福之人，总是精神饱满，面色红润，底气十足。他的心理一定是健康的，充满阳光和正能量。

指责会让我们在情绪里不断内耗，我们需要的是肯定、赞美。

可为什么有些人对世界的认知是二元对立、非黑即白的呢？

因为他们心中的“好”太少，而“坏”太多，所以必须偏执地坚守心中仅存的希望。

白色疗愈给予我们的启迪和“黑色逆袭”一样，生活并不是非黑即白的存在。我们需要承认、接纳、允许黑白能量的互融。你的生活不会因为你的执念而好过一些，只会让你在和自己较劲的过程中，逐步吞噬和消耗自己的生命力量。

傲慢：破除傲慢，在粉色能量里锤炼“奉献力”

一个人觉得自己比别人强、优秀，就会蔑视对方，生起傲慢心。他的行为会变得无所谓、肆无忌惮，内心兽性的一面就会展示出来。

那个你看不上的人，也会看不上你。傲慢心其实源于分别心，从分别自己和他人开始，也会专注于短期眼前的事情，听不进别人意见。

这其实是生命中粉色能量匮乏的表现，粉色负面能量的关键词之一就是傲慢。

一个傲慢的人，很容易溢于言表，不自觉地用居高临下的态度在自己和他人之间筑起一道高墙，把自己孤立起来。如果一个人太骄傲，就会处处自以为是；如果一群骄傲的人在一起，就会相互瞧不起、看不惯。

一个家庭需要夫妻和子女共同经营；一个企业需要老板和员工共同构建，也离不开供需客户的合作；一个团队也需要成员团结协作，才能顺利达成目标。除此之外，如果我们想要唤醒自己的生命，还要持续学习不断修行，而学习最大的障碍就是傲慢心。

假如我们有傲慢心，就不会放空自己的大脑。如果你大脑装满了很多东西，就无法做到全然接纳，因为你会选择性吸收自己想要的那部分。求知求学的大门会关闭，就像一个扣上盖子的容器一样，再也无法装进任何东西。

所以，当一个女子粉色能量缺失的时候，她对粉色能量是抗拒的，潜意识里不认同自己女性的社会角色。她们瞧不起柔弱的女子，认为只有靠自己，只有勇敢地战斗，才可以在这个社会上立足。

在她们看来，世间多无情，她们选择用否定自己的强硬方式来疗伤。创伤事件往往是短暂的，但长时间对自我本来样子的抨击、否定和打压才是对自己最大的伤害。

那我们该如何转念，活出粉色的正向能量呢?

在色彩能量体系里，粉色作为女性疗愈色有着非常重要的地位。粉色的正面能量关键词之一是无条件地爱。

粉色能量充盈的人是喜欢自己的，一个有能力、有勇气、有方法且爱自己的人，才拥有爱他人的可能。

只有当你内心的爱足够多，才可以无条件地去爱他人。我可以看见你现在不开心的情绪，但没关系，我在这里等待你。如果可以的话，我愿意把我的温暖分享给你。我也愿意接受你现在的观点，不反对、不排斥。这也是我们导师班最重要的一个核心。

粉色能量充盈的人，具有宽容、仁慈和关爱的品质，感情真诚、温暖、成熟。这些品质来自对生活透彻的理解，会本能地激励他人发挥潜能，激发他人不断思考。

- 你决定成为一个什么样的自己?
- 做什么事情是你喜欢的?
- 这件事情对你来说的意义是什么?
- 这件事情能使你有源源不断的热情吗?

爱自己是学会自我平衡和滋养，不用成为别人眼里的完美，更不用忽略自己真实的感受。全然地、无条件地听见自己内心的声音，力所能及地寻找当下让自己愉悦的感受。

让我们活出自己，去创造无条件的爱吧。

Part 03

滋养：

生命的绽放需要爱的滋养

如果一个人只盯着自己的执念，往往会离初心越来越远，欲望越来越重。我们做的事情偏离了善果，这件事情就很难会有正向的反馈，甚至还会出现伤害自己的结局。

心法的力量

空：连接内心，包容万物

在从事心灵疗愈这个行业之前，我不知道疗愈有什么作用，也不理解为什么通过疗愈就能解决很多心理乃至现实中的问题。当我系统地学习了知识，做了几百例个案之后，我才真正了解到：疗愈是完全接纳已经发生的事情，即使它们依然还会让我们感觉到伤痛。

这样的接纳意味着一种强大的能力：我们能更加勇敢地面对生活中的困难和挑战。疗愈不仅仅是单纯地改变，而是历尽千帆之后，还能够平静地面对往日的困境，且不会沉溺其中继续内耗。

在安全的环境下，被疗愈者将在心灵疗愈师的引导下，一层一层地拨开心里的保护层，卸下厚厚的盔甲，把真实而柔软的自己展现出来。在他人的疗愈下，我们的心灵被唤醒了，也就具有了疗愈的能力。

在我最迷茫无助的时候，我遇到了挚爱，我也因此重拾了面对生活的勇气和力量。那段时间，我们一起成长，我突然意识到还有这么多的人和我一样，也被心灵问题困扰着。

我们立志要打造千家万户一家一位心灵疗愈师，唤醒更多有心灵疗愈需求的家庭，同时也让更多的创业女性在家庭和事业中找到平衡，获得幸福。这不是一条简单的道路。

在空、松、静、定的心法引导下，我们向外探寻世界的能量，然后回流、传递，建立人与人之间的连接，用爱的力量化解疼痛、抚慰心灵。

很多人虽然活在当下，但总是把意识放在昨天和明天。明明在和家人一起吃着晚餐，可脑中一直在复盘之前的工作，思索着今后还要做什么。自己似乎永远都在工作，有谈不完的业务、做不完的项目。

曾经我也是这样一个人，事业心特别重，不舍得浪费一点时间在工作以外的事情上，哪怕是坐飞机出差，电话都要打到起飞前才会关机。之前的两次创业成功，在别人看来似乎已经风光无限，后半辈子都可以躺平享福。但我心里清楚，争强好胜的心永远填不满，总觉得还可以更拼命，还可以赚得更多。

如果一个人只盯着自己的执念，往往会离初心越来越远，欲望越来越重。我们做的事情偏离了善果，这件事情就很难会有正向的反馈，甚至还会出现伤害自己的结局。

几年前，我忙着带团队快马加鞭地冲任务时，压根儿没有心思考虑我这么努力赚钱的目的是什么，是为了证明自己不比男人差吗？还是为了摆脱曾经窘迫的生活？也许，是因为我穷过，所以我不敢停下来，生怕回到过去的日子。

后来，我得知自己的病很难治愈后，拒绝相信这样的事实，便在医院大闹，结果被关进拘留所。在拘留所的那5天，我才算真正想明白内心一直困惑的问题。我没拿手机，没有跟任何人交流，忙碌的人生被迫按下了暂停键。我的情绪渐渐从焦躁转为平静，感觉到了久违的放松，仿佛整个世界只有我一个人，让我可以好好回忆过往，探寻人生的痕迹。

还记得心理学家荣格的一句话："你没有觉察到的事，就会变成你的命运。"以前，我内心只有想要挣钱的执念，只顾奔着自己的目标拼命追赶，过度消耗了内心的能量，其实心灵早已脆弱不堪，伤痕累累。而且身体也没有得到好好休息，一直在工作，一直在忙碌，我没有及时听到心灵在向我求助，久而久之，负面情绪就在身体里不断堆积，从而引发疼痛向我疯狂报警。

由此可见，我对事业的执着，虽然满足了我征战商场的欲望，却也在一点一点地把我往悬崖边上推。我不能不挣钱，不能不忙碌，必须给大家做出表率，我以为成功是靠逼自己来实现的，但实际上这需要付出巨大的代价，比如陪伴家人的时间变短了，我因为忙工作，忽略了他们的感受。我还因为这样的生活方式，耗费了大量心力，迷失了自我。我虽然挣到了钱，但是没有办法通向“最好的结果”，反而造成了身体的创伤，婚姻的破裂，还有事业上的打击。越是执着，越容易禁锢感知，这只会重复痛苦，让自己越陷越深。

在拘留所的那5天，我调整了内心的状态后，才算是进入“空”的心境。在学习的过程中，我不再是一个拼事业的女强人，而是一个放下功利、平复焦虑、与自己的心灵和身体认真对话的心灵疗愈师。这样的生活对我来说就是最好的滋养，让我第一次有了活着的充实感。

曾听过一个故事：有一位德高望重的法师，热情接待了一位到访的学者。学者虽说是来问道，却一直在喋喋不休地讲着自己的观点。法师一边倒茶，一边听着，眼看水将要溢出，学者急忙喊道：“水要溢出来了！”法师不慌不忙地回答：“你就跟这个装满水的杯子一样，满心只有自己的成见和看法，我还怎么和你说禅呢？”如果我们的心里装满了负担和压力，就会像故事里这个装满水的杯子一样，注入不了正能量，往后人生的每一步，都将是沉重的。

相反，如果我们能保持“空杯心态”，时常放空自己、忘却过去，洗涤心灵的污浊，倒掉思想的浑水，就能拥有一个好的状态，去启迪更多的智慧，这就是“空”的心境。想要进入这样的状态，需要提升认知和超越固有的观点。

首先，通过觉察自己的内心，让思想中的认知落地，与行动连接。内心的声音，就是最本真的自我。实现知行合一，就是把内心的声音落实在具体行动上，达到身体和心灵的和谐，打通能量的通道，进入生命的平衡。

然后，通过打破情绪的障碍，让意识超越身体的束缚，用心灵感知万物。情绪从哪里来呢？当身体接收到外界的信息，反馈到头脑的意识中，就会产生情绪。也就是说，是我们对事物的认知造成了情绪，而情绪又会造成新的认知障碍。

想要突破情绪给心灵带来的阻碍，就要用空杯的心去感知万物，排除一切杂念。拥有了“空”的心境，我们将不再执着于过去和将来。当你重新活在当下，心情就会开朗祥和，仿佛世间万物都宁静和谐，拥有着强大的连接感。这样的连接感，就是因果循环的流动。你想要得到什么，就要先付出什么，这样才能得到正向的回报。

幸福的人生不仅是财富的堆积，更是身体、心灵、自由和爱的和谐统一。靠自己去种下“因”，才能收获“果”。执念之所以会产生，不过是因为我们为了突出自己的独特性，想要成就与众不同的人生。但执念也有因果，无法独立存在，它的尽头不一定是成功，也可能是失败的落幕。

当你拥有山一般开阔的胸怀，任何情绪都无法扰乱你内心的平静。你若有流水一般的心境，在瞬息万变的生活中，你也能找到自己的归处，心安即是归处。

所以，“空”既是连接，也是包容万物。你的心灵进入了“空”的场域，那现实的困境自然无法再纠缠你、消耗你，你所进行的任何疗愈，就能真正发挥作用，你的心态就能真正地沉稳下来，找到心之所向，活出快乐人生。

松：松弛，是身心健康最好的礼物

当我们的身体长期或不由自主地处在紧张状态中，气血就不能顺畅地运行，久而久之会造成停滞淤堵。当你将思维放空后，会发现头脑里清静了许多，很多的事情会被放下。这时你的身体就能慢慢地放松了。

我在创业的路上，为了工作全身心地投入。平时与同事相处，我也是雷厉风行，非常强势。定目标，拿结果，要求全体成员拼命干、使劲干、日夜不眠不休地干。满脑子都是赚钱，但是我并没有体会到有钱的快乐，反而越活越辛苦。

在各种关系中，充满权力的争夺，我不顾一切地去争夺主权，想要拥有控制感和优越感。我活在自己无意识的控制里，在关系中总想“赢”，揪着别人的错不放，一有争执就通过重提旧事来伤害他人的自尊，保持自己的优越感。

直到身体对我释放红灯信号，我才发现这么多年，我没有时间陪伴孩子的成长；和先生的关系变得陌生，已经忘记了爱的模样；几乎不曾和父母促膝谈心……在这一路的奔赴中，我丢失了自己。不知道自己马不停蹄拼命向前奔跑的意义，不知道除了挣钱之外，我的人生还有什么价值。我到底喜欢什么？我到底在追求什么？最无法释怀的事情是什么呢？

意识到这些问题后，我开始寻找打开心结的钥匙，学着敞开心扉。放下自我攻击，与自己彻底和解。我学着去拥抱自己，去接受真实的自己，多看到自己的独特，少挑剔缺点。

我可以带着缺点成长，我也可以拥抱阴影发光。过去曾做的那些让我懊悔的事，还有一直无法放过的人，我都一一放下。我突然发现生存真的不需要太用力，放慢一点，让自己放松下来。

放下，不等于没有，放下是一份接纳，放下是一份允许，放下也是一份给予，这是修炼我们内在智慧重要的一关。弘一法师曾说：“世间烦恼皆由念而生，放下欲念是一种内心境界。若放不下，便饱受烦恼折磨；放得下，内心才能坦然宁静。”

当我释怀了童年的经历、原生家庭的不幸以后，身体好像有股强大的力量注入，让我感受到无与伦比的轻松与自由，疾病竟然也奇迹般地好转了。

我们的一生就是与自己不断和解的过程。过去，我有很多限制性信念，比如我对自己有很高的标准和要求。正是对自己的抱怨和不满，才给身体带来很大的伤害。如果世界上存在一种完美，那就是接纳不完美自己之后的完美。

如果你的身体也出现紧绷，没有办法放松，可以尝试以下方法，让你体验松的力量。

第一步，找一个无人干扰的地方，静下来，停下来，一小时或者半天，时间由你决定。在一个舒适的地方，让自己放松下来。

第二步，闭上眼睛，正向冥想，问自己这份控制来自哪里，我的身体想向我表达什么呢？当我们相信自己，成为自己的观察者的时候，一切的答案都在心中。

你可以通过正向冥想练习，找到困在身体里的情绪，然后接纳它。回想负面情绪产生时的情境，找出在身体里感觉最强烈的地方，去坦然地接纳，让呼吸缓慢下来。关注自己，此时此刻，我们的意识也会慢慢平静下来。总之，当你不去对抗某种情绪时，心态是自由平和的，会让你在生活及工作中变得更加理智与冷静。

第三步，在有负面念头产生的时候，要接纳它的存在，对它说我看见了你，我感觉到了你，欢迎你的到来。你越想克制它，精神和肉体的痛苦越严重。想要摆脱这个局面，我们只有学会与情绪建立一种平衡的关系，接纳自己的感情，用一种亲切的方式来对待它，那么情绪自然也会反过来滋养你。

第四步，给自己一个正向的肯定和欣赏。喜欢自己每一个方面，正向的、负向的，这是我给自己最大的宽容和善良。温柔地感知身体的紧绷，试着让你的腹部慢慢放松。如果你注意到身体的其他部位也处于绷紧的状态，同样也去温柔地安抚它。

让我们以一种宽容的、充满爱的态度对待身体，从而让内在一直焦灼的情绪释放出来，帮助你在情绪与自我之间培养一种柔和、友爱的关系。与痛苦对抗，你的身体会变得坚硬，内心变得脆弱。如果我们用一种温柔的方式拥抱自己，化解负面情绪的锋芒，就可以唤醒正向的能量，从而摆脱痛苦。

第五步，把这个祝福送给这个世界，感谢我如此美好，依然这么美好地活着。给自己一点点耐心，允许自己去尝试，认识一个全新的自己。终止对抗，在生活中学会接受自己的负向情绪，敞开心扉，清醒地去接受自己所遭受的痛苦，并施以理解与关怀，心灵就会变得强大无比。

你会通过练习的方式，将自己从破坏性想法和情绪的内耗中解放出来。当你感觉到有很多爱和快乐的时候，会产生安全感以及与他人的连接感，并体验到希望、轻松自在、融入当下等积极的感受，从而由内到外地改变自己。

正如《像烟灰一样松散》中写的那样："你要像烟灰一样松散。只有放松，全部潜在的能量才会释放出来，协同你达到完美。"

学会放松我们紧绷的神经，舒展紧锁的眉头，卸下那些沉重的担子。让自己松弛下来，安静下来，多花点时间，让生命绽放开来。

把你的时间分给睡眠，分给书籍，分给运动，分给花鸟树木和山川湖海，分给你对这个世界的热爱吧。当你开始做时间的主人，你会感受到平淡生活中喷涌而出的平静力量，那些焦虑与不安，随之烟消云散。

最后，也附上动态冥想练习，以帮助你更好地学会放松。

心法：

第一圈，感受。感受决定给身体带来的感觉。

第二圈，觉察单一观点，设想更大的可能性，带入正向资源。

第三圈，整合。把自己带回生命中心，听生命召唤，许下誓言，感激未来。

1.双脚分开齐肩而立；

2.双膝微微弯曲；

3.脊椎保持垂直；

4.双掌相对，置于海底轮，掌心分隔30厘米左右，观想掌心有一个金色的、带着爱和疗愈的生命能量球体；

5.当你感觉到双手之间有能量波动时，慢慢地深呼吸。吸气时要慢，尝试移动能量球并保持好奇，从内在先开始流动，意识心智引导方向，创造性潜意识被打开，进入，打开，释放，让自己进入生命中心，带着温柔和觉察去移动能量球。

将双手向上移动来到脐轮疗愈关系，太阳轮疗愈力量，心轮疗愈悲伤，喉轮疗愈沟通，眉心轮开启觉知觉察，顶轮开启智慧，直到双手伸直至头上方两侧，感受到有一股金色能量光照耀全身，进入身体每个部位。有不舒服的身体部位，让金色能量光停留一会，直到被疗愈，全身都被净化，连接天地能量。

“气”的重量落在丹田处，整个生命能量在身体下方，带着注意力和意图去做动态静心，方能打开感知；

6.注意：注意力要持续放在感受上，带着疗愈性的金色能量球，可以带着正向意图进入疗愈，同时保持与能量球的同频，把你想创造的正向意图放入能量球中，注意呼吸、放松、觉察、专注、好奇。

感受一束流动的光进入身体，一个全新的我诞生了，感受着金色能量球对自己身体和心灵的照耀。

7.慢慢地呼气，同时将掌心向外，双手顺着身体两侧，慢慢向下到海底轮，感受联结大地母亲的能量，感受双脚深深扎根大地的安全感，想象全身能量经由双脚流向大地，去体验那一份自在的感觉。

8.回到现实生活中，把祝福送给这份美好的体验，也可以许下正向的誓言，说出梦想，不管是对自己，还是对世界，去体验生命的召唤，活出快乐的人生，让誓言引导你行动，在未来的日子里打通快乐人生通道，未来在向你招手，你跨越了门槛，直到实现。

最后去感谢你自己，还有支持你的老师、爱人、家人、朋友、贵人等。谢谢你，谢谢你。

静：心安即是归处

很多人想要的太多，为了更好的物质生活，不断前进，却不曾停下脚步，认真思考我们这么拼命，追求的到底是什么。

在这个快速发展的时代里，我们追求的是效率和成就。忙到后来会发现，心也会跟着忙，就像巨浪里的一叶扁舟，完全辨不清方向。只有在动荡的环境中，安静下来，慢下来，有所取舍，才能看清未来的路怎么走。

面对汹涌而来的疾病，我不再抵抗，我开始臣服。这种臣服不是摆烂、躺平，不是什么都不做，而是放弃内心对事情发展的抵抗，顺着事情发展的方向去努力；是放弃内心对事件的批判，允许一切发生。

臣服于生活中发生的事情，才能接受当下的现实。也正是因为慢下来，身体开始慢慢恢复到正常状态。

想起一个故事：一位学生问师父："师父，以我的资质，开悟需要多久呢?"师父说："10年。"学生又问："如果我加倍苦修呢?"师父说："20年。"学生很疑惑，于是又问："如果我夜以继日，不眠不休地苦修呢?"师父说："那样你永无开悟之日。"学生惊讶地问："为什么?"师父说："当你只看见结果，就无法静下心来，也就永远得不到结果。"

在这个快节奏社会，很多人都如学生一般急于求成，眼里只有结果，操劳过度。

世间纷乱，我们更需要保持一颗清净心，不轻易地随世道沉浮。闹中取静，不是避世隐居，而是处世守心。生活中的很多事情，我们或许无法置身事外，但宁静可以擦去尘埃，迎来更通透的心灵。

"静"中藏着一个争字，就是要告诉我们，越争，心越要静。而真正的"静"有三重境界。

▲ 第一重是身静。

当我们冥想、静坐时，整个身体开始安静下来。

▲ 第二重是心静。

身体静下来之后，脑子里还是会出现各种想法，这时要做的就是察觉到意识神游之后，拉回当下，这就是所谓的心无杂念。

▲ 第三重是意静。

是唯有意识独存的情况，意识所属空间，八面虚空，上下左右前后内外不见一物。第三重境界就是使心灵处于虚和静的极致笃定状态，不受影响。即使外在风云变幻，也能获得内心的安宁，获得从容面对的力量。

那如何进入第三重境界，获得内心宁静的力量呢?

想要获得内心的安宁，为浮躁的心灵养一方净土，我们可以通过正向冥想来习得。我们在进行正向冥想的时候，没有固定的姿势，适合自己的即可。找一处安静、不会被打扰的地方，就可以开始正向冥想了。

正向冥想就是让思想停下来，不去思考，不去想任何事情。一层层地放空，融入光中，直到你感觉松、空、静，让自己享受在这个空间里。当你感觉充满能量时，可以选择通过呼吸回归到身体的意识。

正向冥想可以帮助我们放慢节奏、减轻压力，培养集中注意力和内心平静的能力。我们可以通过正向冥想，在躁动、焦虑、烦恼不断的凡尘琐事中解脱自己，安顿身心。正向冥想是通往心灵宁静非常好的实修途径，在一呼一吸间觉知当下，体悟内心的清净。与静态相反的是动态，动态意味着运动、改变和寻求新的体验。动态是必不可少的，因为它给我们带来了新的机遇、新的思路和新的生活方式。

在静中让生命得到滋润，在观察中走向觉悟。

定：定力，决定你生命的深度

曾看过一句让我感触很深的句子："每个人都可以拥有两次人生，第一次是活给别人看的，第二次是活给自己的。"我的人生似乎就是这句话的写照。在30岁之前，我想要改变原生家庭的影响，孤身一人到深圳打拼；30岁之后，我终于明白了内心真实的想法，活出了更大的价值。

人生的转变，是一个从外到内的过程。靠着内心的那份倔强一路打怪升级，能够突破重重阻碍向他人证明自己，但是，这样的外求往往会因为他人的看法，使自己的内心动摇。

如果内心不够坚定，我们可能会感到痛苦和无助，甚至迷失在他人的期望中，不知何去何从。一个有经验的马拉松运动员，懂得在不同的阶段合理分配自己的体力，因为他们知道，没有明确的方向只是埋头往前冲的话，很容易后继无力，早早离场。我们的人生亦是如此，只有向内探寻，找到由心而生的力量，才能让心灵为你指引方向，让每一步都走得更加笃定。

还记得小时候，爸爸经常鼓励我，人穷但志不能穷，这句话我一直记在心里，变成我性格坚强的力量源泉。可是，家族里重男轻女的思想根深蒂固，我在一群男孩子中不受重视，所以我暗自下定决心，一定要破除长辈的观念，撕掉“女子不如男”的标签。

到深圳工作后，不管什么工作我都认真对待，很快就能上手，别人要花3个月才能学会的技能，我1个月就能熟练掌握。面对第一次合伙创业的失败，我没有气馁，从头潜心学习，打牢我下一次的创业基础。

在朋友眼里，我每次都能找准风口实现财富增长。在同事心里，我是雷厉风行的女老板，带他们冲业务拿结果，我的字典里从来没有“不行”这个词。

为什么我能做到这样？其中的诀窍没有别的，就是骨子里的坚定，一定要实现目标的刚强。为了目标而努力，即使面临疾病的重创，我也没有服过输。一直以来，我想与命运抗争，打破原生家庭的束缚，结果给我带来的却是情绪的崩溃，还有身体上的伤害。

人生不是谁的毅力强就能笑到最后，如果心态不稳、心境不定，很容易会被沿途的状况打乱阵脚。

在古代的对战中，一旦阵脚大乱，就是灭顶之灾。人生几十年，我们要有冲劲，但不能盲目往前冲，调整节奏做好长期计划，才能让每一步都算数。想要逆风翻盘实现正向生长，调整心境是前提。经过空、松、静的修正，才能真正找到"定"的力量。

对我们来说，除了要有坚定的决心，还需要有实现目标的笃定。在20世纪的欧洲，有一个喜爱画画的青年，找到了当时享有盛名的画家讨教作画技巧。青年原本以为，只要自己画得够快，就不愁作品没人买，但现实是，他一天就能画出来的作品，一整年可能都无人问津。画家听完，笑着对青年说："不如你反过来试试，如果你用一年的时间去作画，说不定一天就能卖掉了。"

青年听完虽然半信半疑，但还是按照画家的意思，用一年的时间去研究画一幅画。在这期间，他无数次提笔又无数次作罢，好像怎么画都不能让他满意。但是，随着练习次数增多，他钻研得越发深入，仿佛找到了突破的灵感。一年之后，他终于完成了一件满意的作品。

第二天，青年忐忑地把画作拿到市场上售卖，果然如画家所说，青年的这幅画不到一天就被人买走了。

现在想来，青年之前的画不畅销，不是因为他没有天赋，而是缺乏认真作画的定力。总是带着功利心的目的，没有打磨的韧劲，没有沉淀的东西，就算他画得再快也得不到想要的回报。

后来，青年不以卖钱为目标，而是以创作一幅满意的画为追求，他画画的念头就转变了。他对艺术的纯粹和坚定，淬炼了自己作画的技艺，而这份心又能通过画笔灵动地展现出来，打动观者的心。

杨绛曾说："人能够凝炼成一颗石子，潜伏见底，让时光像水一般在身上湍急而过，自己只知身在水中，不觉水流。"辛苦也好，磨难也罢，就好比湍急的河流，无不在考验着我们的定力。即使水流再湍急，石子也能不慌不忙地置于河床上。

我们何尝不能像石子一样，在水流中做一个旁观者呢？如果你执着于痛苦，那就必然困于痛苦。超脱于痛苦之外，把苦难转化为恩典，风雨飘摇中你也能坚定如磐，获得重生的机会。

在人生的不同阶段，可能会遇到当下解决不了的问题，也会遇到比较大的麻烦。这时我们要做的，就是回归初心，不死磕已经发生的事情，不内耗自己的情绪，不要盲目听从别人的建议。

顺应了自己的初心，你就能选定自己要走的方向。如果说病痛让我坦然接受了命运的"定数"，与丹尼斯的相知相爱，则给我带来了对未来的"笃定"。

遇见他的时候，我虽然已经习惯了自己的病症，但免不了还是会担心他的感受。我害怕自己以后成为他的负担，也在想他会不会后悔选择了我。

但是，他依然认定我就是相伴一生的人。在我没办法照顾自己时，他成为我的另一双手，当我看不清方向时，他成为我的引路人。他耐心地给我疏导，帮助我克服自卑和胆怯，仿佛给我的心里注入了阳光，特别温暖。

上一段婚姻的失败经历，我害怕会再一次发生在我的爱情中。但我忽视了一个问题，人生哪有那么多的重蹈覆辙，在人生的尺度上，每跨过一个坎就是在不断进步。

在他的鼓励下，我想要让更多人知道自己的故事，帮助更多的女性实现个人价值，活出生命的精彩。我们一起在全国各地开展了一百多场“再次遇见真爱”课程，通过活出自我、沟通顺畅、爱情保鲜、家庭美满这四把钥匙，帮助大家让感情持续升温，幸福到老。让爱可以幸福走一生。

而我也发现，走出去传播幸福，让我的内心变得更加富足，更加喜悦。

我在疗愈他人的同时，自己也能得到最好的疗愈。拥有确定的目标，还有笃定实现它的信念，一切都在转念中有了既定的方向。原来，“定”不仅仅是单一的坚定，它的能量是多元的，既是探索心灵的成果，也是奔赴未来的勇气。

首先，“定”是努力奋斗的信念。

如果你有一个终身努力的目标，有一份愿意相守一生的情感，那你就是幸运的。你心里的目标要明确，明白什么该做，什么不该做。在这种信念的引领下，即便生活有不如意的时候，也难以磨灭你的这份热情。

其次，“定”是保持如一的底气。

即使身处不同的声音中，我们也能明辨是非，不受他人意志的驱使，这是一种坚强的品格，也是旁人难以撼动的定力。许多人缺乏定力，不是他们付出得太少，而是在意志力的较量之下，输给了其他的人。只关注眼前的得失而忽略了长久的坚持，任何目标都很难迎来实现的那一天。

最后，“定”是泰然处之的从容。

拥有强大内心的人，他们不仅向往着最好的结果，也做好了最坏的打算。这是一份笃定，也是一份从容。在顺境时，他们能发挥所长，干出一番成绩；在逆境时，他们也能理性面对，抓住改变人生的契机。顺境和逆境没有长久的顶峰，也不会有持续的低谷，我们总能在其中找到一个平衡点。

如果一个人破除所有执念，始终安住在空松静定的状态中，物我两忘，天人合一，就会打通天地人的能量通道，身体就会开始自愈。感知能力也会更加清晰透彻，就像武林高手能听到雪花落地、枝叶拔节的声音，达到“致虚极，守静笃”的境界。

转念的12大秘诀

人生总是苦乐参半，如果你所认为的痛苦已经过去，但你心里还过不去，那这种负向的情绪就会一直影响你，让你深陷其中。

当我们感到焦虑或担心时，在面对困难或挫折，感到无助或失落时，转变自己的态度，学会转念，你的人生就会从此不同。转念是一种非常重要的能力，可以帮助我们在面对生命中的不确定性和挫折时保持积极的态度，发掘新认知，并找到解决问题的方法。

你变了，你的世界就变了。

支持：学会在ta人的世界里支持ta人

打开觉察，开启感知的世界，如果你爱ta，就请读懂ta。在ta人的世界里支持ta人有四个层次。

▲ 第一个层次：自我

也就是从我的位置出发，你认为自己是对的，用自己的经验来衡量对方的经验，用自己的标准来衡量对方的标准，全力维护一个只有自我的世界。

这样的世界很小，必然会存在攻击和退缩，因为你会以自己的视角、观点、信念来看世界，这是第一个层次。

▲ 第二个层次：他人

在这个层次，你会用对方的视角、对方的观点、对方的信念、对方的眼睛来看待外在的世界。

这样的世界也不会很大，而且你以为的视角只是猜测。猜测别人的观点、别人的想法，这就像看电视剧一样，当出现一个画面时，你会去猜测接下来会发生什么。

在这样的世界，有攻击，也会有退缩，还会有争辩，大家都很辛苦。

▲ 第三个层次：观察者

观察者是你和他的位置，你们都可以彼此进入内在的世界，你们都可以用第三视角来沟通，在这个层次，没有对错，会客观地看待发生的事。

这个层次的世界更为宽广，彼此也更自爱。

▲ 第四个层次：创造

创造的层次是指我们共同的位置，指的是无边无际的存在，没有任何的限制。你可以自由地翱翔，你可以自由地去创造，它是关于整个生命的全视角，你会发现每个人都可以创造无限可能。

所以你们两个都彼此去感受所有人无边无际的拓展，愿意共同去创造更多的可能性，这是支持ta人的最高层次。

在这个层次，我们都愿意看见彼此的天赋才华，愿意贡献，愿意赋能和给予支持，以创造出更多的可能性。

敬畏：敬畏源头，敬畏生命

君子之心，常怀敬畏。敬畏父母、家人、老师、生命中指引者、贵人、天地、高我。去臣服道法自然，心生感恩之心。上智者用他人之智，中智者用他人之力，下智者用己之力。我们要学会用源头的智慧把源头变成自己的正向资源，成为生命的能量。

如何理解敬畏呢？

▲ 敬畏老板

很多人和老板交流的时候，总想在老板这边索取点什么，甚至有一些人先学习经验，联结更多人脉资源，一段时间之后，把所有的资源变成自己的，这样的人离源头太远了，根本没有敬畏老板之心。

真正敬畏老板，是你跟老板的时候，不会拿走他任何一个客户，也不会拿走他任何一件东西，因为你知道源头的力量。当你敬畏这些源头的时候，你就会发现你活出了一个大格局，你的生意会源源不断，老板也愿意成就你。

但是当你只有小格局，只想从老板这里要点资源，要点人脉，最终为自己所用的时候，你已经失去源头了。

之前我做美业的时候，我有个团队伙伴后来去创业，他拒绝和我这边所有的客户有联系，当我的客户去找他的时候，他说："你要先尊重一下子悦老师的意见，之后我们再说，我们这边暂时不合作。"

当我知道这件事，我觉得这个人非常有职业操守，便想要全力以赴成就他。我举办招商会的时候，还会邀请他来赋能，这就是双向奔赴。

还有另外一种员工，他们只想上一年的班后离职，离职之后就和所有的客户建立一对一的联系。当我知道这件事情后，我很难再支持这样的人，因为他今天能这么做，未来他带出来的团队也能这么做，敬畏源头的核心就是要懂得尊重。

▲ 敬畏父母

很多人会埋怨父母，觉得父母没有用对的方式爱我们。一位心理治疗师曾说："不要太高估你的爸爸妈妈，他们只是一个很普通的男人和一个很普通的女人。他们相爱了，在懵懂中结婚了，又在懵懂中有了你。当他们把你生下来的那一刻，他们所有的责任就已经完成了。他们给你的足够多了。因为他们已经给了你宝贵的生命。"

所以，不要再要求父母一定要用对的方式来爱我们，我们学习心灵疗愈，就是为了从过去的创伤事件中走出来，在自我生命中去改变，而不是要求父母去改变。改变他人太难，唯有改变自己是可以把控的。

▲ 敬畏老师

从小到大，我们会遇到很多老师，每一个老师都值得你去尊重，每一个老师都是你人生中的贵人。

老师能出现在你的生命里，是你们的缘分。你可以把自己的实践结果汇报给那些你当初请教过的贵人老师。持续让老师看到你的改变，老师就更愿意赋能给你。

为老师提供情绪价值的认可，是非常重要的事情。比如你可以说我运用老师讲的哪个点，做了哪件事情，拿到了什么结果，是关系的结果还是财富的结果。这样的反馈，既总结了自己，又实现了老师的生命意义。

你愿意成就老师，老师也愿意成就你，这才是双向奔赴的关系。

▲ 敬畏天地

《易经》中讲："天地之大德曰生。"天地之道，博大、仁厚、悠远、恒久也。天地万物对人有养育之恩德。离开了阳光、空气和水，我们很难存活在世上。因此，我们应发自内心对天地万物怀敬畏感恩之心。

心存敬畏，才能把所有的源头变成你的正向资源，成为你的生命能量。

真诚：真实真诚的存在

真实真诚的存在分为两个层次：

▲ 第一个：我是观察者

我会保持觉察，时刻觉察自己的起心动念是什么。

我经常和我们的心灵疗愈师讲真实真诚的存在，在帮他人做个案的时候，你是想彰显你的实力，还是想把注意力给到对方，真诚地为对方去做点什么呢？

这里面就会有一个觉察——觉察你的生命模式。

▲ 第二个：我是参与者

我们能理解并进入对方的内在世界，对方可能是一个好人，也可能是一个坏人，而我们只要实事求是，不偏不倚即可。

我们内心不会评判他，只是回到生命中心，变成他生命中的一个参与者，了解他发生了什么，并且我愿意真实地告诉我自己，我要回归我的生命中心，不去误判人家的思想，因为他有他的人生路要走，我有我的人生路要走。但是我要保持我的起心动念是“不强加我的观点来衡量他的标准”，这就是真实真诚的存在。

愿意保持一致性的沟通，愿意保持一致性的理解，愿意保持一致性的真诚，诚实地表达内心。真诚是通往成功的道路，唯有真诚能让我们不走弯路。

做一个真实真诚的人，面对世间百态始终如一，不要太在意他人的评价，同时放下自己的得失，学会在他人和自我之间转念，那个真实真诚的自我就能回来了。

真实真诚就像一个正向的循环，你真诚，那自然就能得到真实的幸福。所以，相信那个真实的自己是最棒的，全然地进入自己的中心，让自己心里有爱、眼里有光、手里有钱。这是一种积极向上的生命态度，也是使自己和他人都能够获得更多幸福感和尊严的理想。

信任：敞开信任

有学生会说“我试着改变”，尝试改变问题，这个已经变成问题本身了。

试着改变反而会让这个问题变得更糟糕，这是因为没有全然接纳自己的问题，也没有全然接纳自己本身的样貌。

我们可以很丑，我们也可以很美。每个人内在世界都有一个小魔鬼和一个小天使，有些时候把你的小魔鬼展现出来，拿出来遛一遛也是挺可爱的。

你愿意相信这个世界是温暖的，温柔地对待内心，你愿意敞开心扉，那你就会有机会发生改变。有意愿就有方法，相信就有奇迹，创造奇迹的魔法就在你的手里。

改变的决心由你决定。

打破限制和束缚，就会有更多奇迹到来，你的承载力是无限的。

放下对结果的期待，只需要让自己保持在高频的状态，做自己开心喜悦的事情，结果自然会来。

婚姻与家庭之所以有那么多问题和矛盾，很多是彼此不懂信任的缘故。每天都想着要驾驭对方，想着要控制对方，想着让对方完全按照自己的意愿行事。当你认识到自己是一个独立的人，也认识到对方是一个独立的人，你就会放下对对方的束缚，你在接纳对方的同时，也接纳了自己。信任你的伴侣是人生非常重要的功课。

心理学上有个观点：不能成为自己，是我们一切绝望的根源。我们只有认真地审视分析自己的情绪，在大量的生活体验中与内心的冲突和解，学会向他人敞开心扉并信任他人，才有希望成为自己的主人。如果你当下完全不信任自己，可以练习正向冥想疗愈。

第一，放松自己，调整好呼吸，在心里默念：不管我在哪儿，不管我做什么，不管我和谁共事，我都要保持愉悦。当我快乐时，我的创造力会带来更强的影响；当我快乐时，我和我的渴望合一；当我快乐时，我正吸引着周围令我快乐的事物；当我快乐时，所有的美好都会围绕着我。

第二，暗示自己的内心，当自己快乐时，金钱会喜欢我。知道自己是一个永恒的灵魂，知道自己永远在意识中成长，时间在帮助我疗愈，我拥有一切我需要的。每一天都对自己非常耐心，全然地信任宇宙。

当我信任宇宙，我不会怀疑任何事情的发生，因为我知道在我生命中发生的一切事情，都是我的功课。我爱我自己，我喜欢我自己，我欣赏我自己，今天又是被宇宙最爱的一天。

接受你现在的样子，也完善你现在的样子，只有带着好奇心与心灵连接，发自内心地感恩接受一切，你的人生每时每刻才会真正地充满喜悦。真诚地面对内在，清理对身体的种种评判和错误认知，尽量避免给自己和他人贴标签。你只有真正了悟，心境才会如朗朗晴空，天高任鸟飞，海阔凭鱼跃。

真正的强大不是对抗，而是允许和接受。吸引力法则中解释道：你关注什么，就会创造什么。只有放下对头脑的掌控，敞开内心并信任他人才会为我们带来无限可能。

当你和一个事物对抗的时候，你已经让自己处于不自由的状态中，因为对抗本身对你造成了一种束缚。所以，我们要敞开内心去信任自己，带着一份信任去体验这个世界。我们越敞开内心，我们体验到的、得到的就越多；心越紧，我们的世界就会越小。

允许生活中出现遗憾，允许自己犯错，学会接纳发生的一切。最后，你会越发简单地生活，会越发自在和轻松。

评断：不评断自己与他人

▲ 第一个层次：不接纳自己、不接纳他人

你会有挫败感，处理不好心情，做什么事情都做不好，这些是不接纳的盲区。

转念的奇迹，是整个世界从黑夜转向白天。你变了，世界就变了。这样的世界更加客观、真实，我们不再期待他人的认可，也不需要过度在意他人的评断。

每个人都有自己的人生，别人的评价都不是唯一的标准。盲目评断自己，等于丧失自己的价值观，把他人的看法作为衡量自己的标准。当你达不到别人的要求时，深深的挫败感就会频繁找

上门来。然而，即使把不满都发泄出来，也于事无补，因为你的苦不是源于挫败本身，而是你排斥自己的心。

与此同时，评断他人也是一种粗鲁的行为。因为这样的评断，是把自己的想法强加给别人，忽略了他们真正的想法。不懂他人的苦，最好不要去任意评断。在任何关系中，逞一时嘴快，会伤害到他人的自尊，自己还会遭到“反噬”。

当你的“好心提醒”不被他人接纳时，最终难过的还是自己。评断来源于认知，而认知被执念所影响。我们只有将自己的固执打磨掉，才能破执生慧，包容更多的可能性。

▲ 第二个层次：接纳自己，接纳他人

这时，你就会开始放下对自己的评价，不再排斥自己，找回自我认同感。

安静，就能给我们提供一个很好的屏障，帮助我们重新回到生命的中心。你可以试着平稳地坐着或者躺着，将注意力从思考转移到呼吸，把手放在心轮和丹田之处，想象着气流从肺部流向脊柱。吸气时，感受气息顺着脊柱上升，穿过头顶向外界连接；呼气时，感觉气息穿过脊柱下沉到尾椎和脚部。享受这种踏实美好的体验，打开内心去连接大地。

时刻觉察心中的执念。伴随呼吸的放松，周围的环境就安静了下来。接下来，我们就需要打开觉察的大门，和自己的心灵对

话，你可以问自己几个问题：

我有真正了解过自己吗？

我最不喜欢的是什么？

我恐惧的念头又是什么？

在每次想要评断前，我们都需要开启这样的觉察。把自己最看不惯的事情、不好的信念、恐惧的事情都列出来，标注这些信念带来的是助力还是阻力。

最后，可以用量表评价是否真实，还是有待考察，保留怀疑态度。

▲ 第三个层次：接纳自己和他人的不完美

在这个层次，你就不会再挑剔自己和他人，能接纳优点、缺点，就已经是对自己很大的宽容和爱了。

通过转念的奇迹来创造新的现实，你只有打开自己的内心，把更大的宽容和爱注入，才能由内而外地散发美好，与他人同频，接纳自己和他人的不完美。

▲ 第四个层次：接纳自己和他人，愿意看见自己和他人内在的那一份独一无二

你本身已经独一无二，你要相信我本具足的能量，接纳自己的独一无二。

当你的内在空间更大，你就能感觉到对方的情绪压力，并且设身处地为他着想。爱是我们相通的语言，只有先把善意传达给对方，对方才会向你敞开心扉。

▲ 第五个层次：放过自己，放过他人

最后是时候放过自己了，因为对自己或他人的评断，都是自己定义的好坏，所以从现在开始不评断自己和他人的短板，而是纯粹地看见自己和他人。

凡所有相，皆是虚妄。人生中，有太多的相困扰着我们。

一念花开，一念花落，一念放下，万般自在。

标签：不贴标签

假设我现在给你贴了几个不好的标签，“你是一个坏人”“你是个不上进的人”“你是一个讨厌的人”“你是一个懒的人”“你是一个无助的人”……

这是你吗？不是。这是我们贴的标签。

为什么很多人爱贴标签呢？因为事物都是相对存在的，我们怎么看它，它就会呈现怎样的面貌。假如你认为某个人有坏心眼，就相当于你对他戴上了有色眼镜，就算他做了好事，你也会怀疑他别有用心。

心理学中有一个效应，叫作标签效应，是指当一个人被贴上标签时，他就会做出自我印象管理，让自己的行为与标签一致。

假如别人给你贴上了刻苦的标签，为了让自己配得上这个标签，你就会努力表现出刻苦的样子。反之，如果你被别人贴上了懒惰的标签，那么就算你十分勤奋，别人也视而不见，但凡你忙里偷闲，都会被人认为是个懒人。

有的标签贴久了，慢慢就会形成习惯，你只是为了配得上别人的一句赞扬，就要马不停蹄地加倍努力，生怕他们会对你失望。

不知道你有没有静下心想过，你的生命中最想给谁贴负面标签呢？你为什么会给对方贴标签呢？那是否是因为在你的内心深处有某种渴望？或者还有一份没有被满足的期待？

你可以全部写下来，发现想法背后的信念，这很重要。

在纷繁复杂的生活中，还有很多困难和挑战在等待着我们。虽然，我们很难做到像参禅之人那样六根清净，达到明心见性的境界，但是可以通过修炼心法，提升自己的智慧。

做到两个“悟透”，可以帮助你摆脱被标签定义的人生。

▲ 第一个是悟透身边的关系。

我们对周围一切的恐惧、反感和迷茫，不是情绪自己产生的，而是我们站在了某件事物的对立面上。要知道，很多问题不是简单的对错就能解决好的，这种二元对立的想法只会让事情演变得更加极端化。常怀善心，能结善缘。

如果我们把身边的一切人和事，都当作是来帮助自己的善缘，是来帮助我们增长智慧、学会为人处世的贵人，那么你就不会因为别人的偏见，或者对自我的批判而耿耿于怀。因为你不会去在意标签的好坏，即便是不怀善意的标签，你也不会代入个人情感憎恨他人，更不会理会他人是出于什么目的。

别人给你贴了标签，是因为他们对你认识不够；你给自己贴标签，是因为你对自己不够了解。标签就像是一个简单的认知体系，它忽视了人的多样化和可塑性。一个能包容他人的人，他的意识永远在拓展，不可能因为一个标签，就轻易判定一个人。

▲ 第二个是悟透爱的能量。

如果你给人家贴了正向的标签，你会愿意发现他的美好，他也会越来越强，越来越自信，越来越美好，他会慢慢地去活出他自己。

所以是想成为一个赋能的人，还是负能的人，由你来决定。你的标签有可能帮到一个人，也有可能害了一个人，但最重要的核心是，你自己不自由了，你自己不快乐了。

一个生命的领导者是能发挥赋能的影响力的。

赞赏：时刻赞赏，带来积极力量

赞赏，是快速和别人产生连接的方法。真实的赞赏，会让人产生内在的心流。

真正的智慧领袖只需要做好这一点，要有发现别人美好的眼睛，还要口吐莲花，核心是你的心念，你的心愿意敞开，愿意快速和别人做连接。

你愿意发现一个人身上所有美好的特质来自你愿意给出赞赏，那当你愿意真诚地、有爱地去赞赏，和对方产生共振的心理，那你就会释放一个生命富足的领袖影响力。

所以，时刻赞赏是改变不贴标签的习惯，比如赞赏你的孩子，你就会少费口舌；赞赏你的团队，你就会激发他们的创造力；赞赏你的客户，会间接地给你带来源源不断的客流；赞赏你身边的每一个人，你会发现这个世界都是阳光的。所以赞赏的力量是很强大的。

当你怀疑信念的时候，可以转念问问自己：身边的谁是你的正向资源？你需要寻找到生命中的正向资源，给自己赋能。

自己可以先站在心灵导师的位置去思考自己该怎么做，有什么信息可以带给自己，然后回到自己的角色，接收信息。

在我们转念的奇迹课程中，有一个“以花换花”的环节。你拿着一朵花，在课堂里找一个人，和他面对面一起拿着这朵花，告诉对方，你从他的眼神里看出了什么美好的特质。

比如，在你面前的这个人，你从他的眼神里看到了一份坚强，对生命的美好向往。然后，把你的花、你的赞美送给他，和他换花，还可以给他一个拥抱。最后向对方告别，带着对方给你的花和赞美，继续往前走。在接收到对方的赞赏并接过花的那一刻，大部分学员都说内心充满了力量。我们生命中遇到的每个人都值得温柔对待。

不要吝啬你的赞赏，由衷地赞美，哪怕是一句平平常常的话，一个充满敬意的眼神，一个充满温暖的拥抱，一下轻轻地拍肩，都会产生意想不到的效果。

当我们表达赞美时，一定要发自内心地真诚表达。如果我们只是为了赞美而赞美，一味地说好话，就会给人一种虚伪、不值得信任的感觉。我们是否带着真诚去赞美，对方是能够感受到的。

譬如，当你回到家，伴侣已经做好饭菜了，这时，你会怎么赞美对方呢？你是说“这饭太好吃了”还是说“今天的菜格外美味，你的厨艺越来越好了”？同为赞赏，达到的效果却是不一样的。

前者让人觉得你是在敷衍，没有用心。而后者会让人觉得你是真的在认真品尝我做的菜。不仅让人内心愉悦，还能增进彼此间的亲密关系。对别人最好的夸奖，也是对自己内心最好的赞赏。

那如何赞美他人，让他人感受到我们的真诚呢？

第一点就是要恰当表达。不同场合、不同对象，赞赏的方式和语言也要适当调整，不能一成不变。例如，对长辈可以强调对其人品、道德方面的赞赏，对同龄朋友可以强调对其能力、智慧等方面的赞赏。

第二点就是表达细节。表达赞赏还需注意细节，如语气、音量、眼神和肢体语言等。这些细节可以使赞赏更有说服力，也可以使被赞赏者更容易接受。

第三点就是突出优点。在赞赏时，一定要突出被赞赏者的优点和长处，让他们感到被认可和重视。同时也要注意如何合理地表达缺点，不要伤害到被赞赏者的自尊心。

最后一点就是赞赏的时机，除了赞赏的内容和方式，赞赏的时机也非常重要。通常情况下，我们会在他人表现出色、做出积极贡献、解决问题等情况时赞赏他人。

但是，在赞赏他人时，我们还需要注意不同的场合和对象，选择合适的时机进行赞赏。譬如，在团队会议上，我们可以公开表扬工作突出的同事；在私下交流中，我们可以和对方面对面表达我们的赞扬。通过赞赏他人，我们可以增加彼此的信任和认同，为未来的合作和交流奠定基础。同时，赞赏还可以让我们更加关注他人的优点和长处。

学会赞赏他人是一种非常重要的社交技能，也是建立积极互动和良好关系的秘诀之一。

就像卡内基曾说："要改变人而不触犯或引起反感，那么，请称赞他们最微小的进步，并称赞每个进步。"每个人都喜欢被赞美，被赞美的时刻，也是每个生命的独特被看见的时刻。

赞赏是社交破冰的最好方式，对方会愿意将内心的话说出来，让人更容易亲近。在打开内心与人联结的同时，也要提高我们的创造力，去时刻创造，才能拥有富而有爱的人生。

创造：时刻创造

曾看过一个小故事，有一个小男孩得到了心心念念的生日礼物，是一只很漂亮的小乌龟。可是，从他拿到这个礼物开始，小乌龟就一直蜷缩在龟壳里不愿出来，不管他是说话还是拍打龟壳，小乌龟都纹丝不动。这时候，小男孩拿起小木棍，想要把小乌龟弄出来，爷爷看到后立即制止了他。

爷爷耐心地教育小男孩，这样做不仅不能让小乌龟出来，反而会把它弄伤。小男孩很懊恼，他问爷爷该怎么办。爷爷说："不如你把小乌龟放到壁炉旁边试试？"

小男孩按照爷爷的建议，把小乌龟放到了温暖的壁炉旁。没过几分钟，小乌龟就慢慢地把头和脚都伸出来了。在陌生的环境里，小乌龟建立起了本能的戒备心，龟壳给它提供了一个安身之地，就像我们的心灵一样，一旦关闭了大门，不管外面的人如何敲打或鼓励，都很难让我们的意识走出来。

但是，如果感受到了温暖，结果就会大不一样，能让人卸下防备，引导人们的意识被唤醒。

很多时候，我们也像小乌龟一样，全身肌肉紧绷，大脑画面冻结，头脑过度思考，思维固化，负面问题不断发生。想要退缩，身心分离，痛苦，怨恨，带有攻击性，反应又过于敏感。

怎样才能创造一个正念的环境呢？

创造可以理解为一个从无到有的过程，也可以是一种转化。比如把凝重的气氛转换为让人愉悦的状态，营造正念的氛围。平常我给学员讲课时，我很少跟她们说大道理。因为大道理人人都懂，但并不是所有人都能用好这些大道理。所以，落地的心灵疗愈生命成长知识体系，还有轻松愉快的学习氛围，才是学员被转念生命成长体系吸引的原因。

这样的氛围还能不断迭代升级，不断创造出新的知识，浸润我们的内心。当你不是在为自己创造，而是带着生命的喜悦在创造时，你会感觉到创造力是无限的，都在全力以赴地支持他人。这样的氛围充满了正能量，浸泡在其中时时刻刻都是滋养。

学员喜欢这样的氛围，从而不断地复训，推荐好友参加，就是正念传递的最好佐证。在正念的影响下，人的创造潜力非常强大。生命随着创造而流动，逢山开路、遇水搭桥，一步步地开辟属于自己的世界。

当你学会转念，生命中的正向资源会越来越多，你自然会感受到正向结果的发生，正向的行为，会源源不断地让正向结果发生。

很多女性，她们在不被爱的环境中变得敏感，却又无力改变现状。对爱的感知力下降，让她们缺少被关怀的情感，于是变得自我嫌弃。有时他人不经意的一句话，都能让她们情绪激动，要拼命反击别人，找到胜利的存在感。

但是，活在负向的能量中，即使胜利了也是负向的。想要打破这样的循环，就必须放下执念，掌握时刻创造的能力，用正向的连接来获取改变自我的力量。

以前，我非常喜欢自己的品牌名称，不管是做服装或美业行业，还是注册公司，都想要延续使用。有一天我顿悟了，我发现自己根本不需要执着在这个品牌名称上。一个品牌专用的称呼，只不过是为了表现自我的独特性，满足拥有者的思维。其实，只要专注做自己想做的事，就能在共享和交流中得到更多的收获。

后来我还想过要做自己的茶叶品牌，我去过很多茶叶山头，试过很多的品种，但是经过了这么多的波折和辛苦，有一天我还是放下了执念。我觉得没有研发茶叶的必要，世界上有那么多好喝的茶，我只要引进别人的好东西分享给大家就可以了。很多对成功欲望特别强烈的人，要是能创造放下的态度，或许就能享受到真正快乐的人生。

创造的能量超出我们的想象，能打破固有，迎来新的诞生。要如何做呢?

首先，学会放松，进入平和的状态。处于非正念状态时，人的肌肉会全身紧绷，变得敏感、拒绝、孤立。平和状态能让肌肉放松、肢体柔软，从而化解思维的禁锢，开启向外探寻的窗口。我们可以通过抚触和冥想，让自己的意识跟随肢体一点一点放松，游离在身体之上。听一段舒心的音乐，跟随一个冥想的指引，可以帮助我们全身心地投入当下的感受中，不再更多地去思考问题。

冥想之后，你会获得不一样的感受，那些一时冲动而产生的念头都消失无踪了，你不自觉地进入了一种慎重的思考状态。所有事物并不是二元对立的，有意识地寻找第三种立场，就能发现困扰自己的都是思维，换个方向就能破局。

其次，要定期清理人生拷问。什么是人生拷问？就是那些长久以来束缚你的幻想。这些幻想，可能是贬低自己的，也可能是自暴自弃的。当你有这样的想法时，你就要警觉内心负面的魔鬼。

每天抽出一点时间，可以在洗澡时、读书时或者冥想后进行自我对话：为什么我对自己这么苛刻？我为什么会消极？我的想法真实吗？是不是只是一时冲动？我有能力改变这样的状况吗？

消极的认知会形成习惯，若你辩证地思考就会发现，现实中没有任何一项实例能证明你会失败。排除掉内心幻想出的垃圾信息，能让你更快找到正向的目标。

最后，反复强化你的行动计划。当你确定了正向的目标后，就需要不断地连接它。制订一个行动计划，并反复地重温和落实，就能加强正向连接，从中获得源源不断的快乐。

疗愈需要我们投入正向资源，比如你喜欢画画，那么你在这个目标上投入精力和成本时，你就会感到快乐和被滋养，全身心都在感受这份美好的体验。正向目标的强化连接，能让你的思维更加强大，行动和表达更加积极，激发更多创造的热情。

争论：不争对错

生活中，但凡和人发生争执，就会开始咄咄逼人。好像只有争赢了，才能不丢面子、才能获得他人的尊重。

如果是为了一点面子、一场风头而争辩，那你可能赢了道理，却输了感情。很多人喜欢否定别人、喜欢争辩、喜欢抬杠，觉得错都是别人的，自己都是对的。

其实，你争论对错是因为你的自尊心很强，所以你会进入防卫层。你在防卫你自己，核心是保护你内在的脆弱层次，你不愿意看到内在那个本真的自己，所以你才会和别人争对错。

简单来说，是因为你内在的低价值感造成的，你没有办法真正地看到你内在的这些痛点，所以你只能争论对错。

你可以问问自己，写下觉察问题的答案。

为什么喜欢争论对错？

背后隐晦的信念是什么？

争对错的核心是害怕失去什么？

内在有一份什么样的渴望需要被别人理解？

写下来，你会发现你被头脑里的想法控制了。因为你的喜好，你选择喜欢这个人，讨厌那个人，喜欢做这件事，讨厌做那件事情，所以你的人生都在被喜好控制。

平时需要警惕，不要轻易被头脑里的声音控制，认为这是“我”的想法。你越是执着于这一点，就越容易被头脑所控制。而且有些讽刺的是，其实这些想法，极大可能是别人灌输给你的。相反，那个容易被我们认为鄙俗的真实自我，却会用种种方式忠诚于你自己。

所以，要学会和头脑的信条保持距离，同时学会用各种方式去聆听你的身体。

头脑，可以吸收各种信息，也可以被灌输各种信息，所以甚至可以说它是属于别人的。

比起头脑来，身体更靠近你的灵魂，头脑可以被灌输、被蒙骗，但身体很难不忠于自己。

很多人不能很好地靠近自己的感觉，一个常见的原因是一直活在别人的世界里。在我们的文化中，所有主流的声音都倾向于说，你要听话，要活成别人期待的样子，却少有声音说，做你自己。

那我们该如何转念呢？

当发现自己处在争辩对错的状态中时，要先让自己停下来。安静下来之后，我们可以问问自己，为何喜欢争对错，我背后隐晦的信念是什么？我们可以用花精灵动态冥想练习让自己安静下来。

双掌相对，置于海底轮，想象掌心有一个金色的生命能量球。慢慢地深呼吸，从内在流动，意识心智引导方向，带着温柔，去移动能量球。慢慢地呼气，同时将掌心向外，感受双脚深深扎根大地的安全感。

体会此时此刻的感受，去聆听内在的声音。是愤怒还是委屈？再问问自己，和人争论的目的是什么呢？是想别人同意我们的观点，还是想改变别人。带着正向的好奇心去正视自己的感受，让自己回到生命中心，把负向转化为正向体验。

其实，人生的很多烦恼皆来自一个“争”字。争的越多，失去的反而越多。很多事情没有对错之分，有的只是个人观点不同。学会接受他人与自己的不同，才能创造健康快乐的人生。

教条：不教条不强加思维，做到尊重与平等

我们的生命成长学院之所以让人喜欢，是因为一直秉承着用生命唤醒生命、不评判、不强加思维，只在你的世界里支持你，做到了人格上完全的尊重与平等。我们每个人都是独立的个体，有自己的认知和见解。

而在生活中的很多事情上，总会有不同的意见，或一致，或有分歧。因为每个人看待问题所处的角度、所持的观点不同。所以，我们不要把自己的想法强加给别人，要理解尊重对方的想法。

我们每个人从出生以来，都累积了种种经验和观念，当我们

卡在某些观念上的时候，自然无法完全理解彼此的想法。我们不应该为了一己的观念反驳别人，因为你一开始反驳的时候，就已经让对方对你产生了不好的观感，你们就很难彼此顾念。

当对方卡在某些观念上的时候，你将自己的认知强加给对方，往往会适得其反。

所以，我们要做的是尊重他人的价值观，不代替他人做重要决定。

人们总是在以爱的名义去滥用爱，对爱的滥用中最常见的一种就是以爱的名义来强加自我的意志，完美的理由叫作我是为你好。真正的爱不是把你变成我想让你成为的人，真正的爱是深刻地了解你，然后让你成为你自己。

如果持续从别人那里索取爱，去改变他人，来获取你想要的期待，也许会成功，但最终会走向失败，因为你是被自己内心困住了，拒绝了爱，拒绝了内在。

当你放空的时候，你的智慧，你的创造力就会出来，你在紧张的状态下，所生出的方案都是短暂性的，都是有时效的。所以转念生命成长体系的很多创造都是我在放空内心做冥想打坐的时候出来的。

比如在工作中，别人发表的观点与你有出入，你的内心认为他人是错的，自己是对的，人家说一个意见，你说不行，人家说一个想法，你说不行，那你就已经处在一个二元世界的意识里面。你让自己常常活在主观喜恶的控制里，这个人我看着很讨厌，我就不想和他相处，我看他哪里都不爽。其实这就是被你的喜好控制了。

有些时候是我们限制了他人的发展。阻力会消耗你的能量，助力才会让你创造成功。如果你生命中有人对你说不行、不可以，你是什么感觉？生命中没有不可以，我们回顾一下，当你说不行、不可以的时候，一定是因为你的原生家庭经历过某一段你的父母阻碍着你前行的经历，所以你很叛逆，容易做出否定他人的应激反应。这些对他人的否定会限制你的创造性，让你没有办法去感知事物的美好。所以，我们要做具备创造力和转化力的人。

那要如何觉察自己将思想强加于人行为背后的隐晦信念，从而走出这种模式呢？

第一，对自己的生命负责，有能力爱自己，就不需要向别人索取爱。去点亮他人，用爱去滋养他人，他人便会回流给你爱，于是爱会越来越多。如果两个内在匮乏的人在一起，只会相互索取，那么爱只会越来越少。爱是我们每个人永恒的追求，无论是亲情之爱、友情之爱，还是爱情之爱，都能给人带来极大的快乐。拥有爱时是开心愉悦的，失去爱时会伤心欲绝。

当你具备了爱的能力，就不会再害怕失去他人的宠爱，讨要得那么辛苦，还不如努力让自己成为值得被爱的人。生命的本质在于流动，经由生命成长打破这种模式，让我们先学会感受爱，再学会分享爱。打开心钥匙，正向的目标可以让我们回归生命中心，创造快乐的连接和健康人生。

第二，暗示自己我们一起长大，一起创造快乐。内心暗示自己要创造快乐出来，不要一直待在黑洞里。拒绝外在的注意力，注意从自己的内在生发出快乐与爱。你的注意力在哪，收获就在哪。如果你的注意力在匮乏上，你拥有的就全是匮乏人生，比如你天天给自己灌输痛苦，那你现在就会很痛苦。试着疏通自己的身体，你将会收获自在轻松。

第三，觉察到改变他人的情绪，不要让某种感觉溜走，看到情绪的本质。当我们感觉到这个情绪时，真实地看待这个感受，而不是在意识层面用道德观去解释这个事情。当你去真实感受这个感受，从各个角度探究这份不舒服背后的本质时，你需要问自己，是不被认可的感受让我很不舒服吗？是关系淡化而不开心吗？是为之后的相处模式而担心吗？只有看到本质，才能更好地读懂和爱自己。

负面的情绪背后总是隐含着没被满足的需求，当我们了解到本质，理解了自己，才能根据这一点产生自己的意见、态度和最适合自己的选择。每个人的思想角度不同，因此人与人之间容易造成许多的误解。

如果你能往前踏一步，愿意站在他的视角、他的观点、他的认知里面去看待这个世界，你们就不会有冲突。多做有趣的事，少理无谓的人；成年人只能筛选，不能教育。

沟通大师乔吉拉德曾经说过，当你认为别人的感受与你的同样重要时，沟通才会变得融洽。我们需要从他人的角度去思考问题。一定要克制自己纠正别人的欲望，收起你改造他人的执着。

保密：不越界保密原则，把注意力放回自己身上

你有没有出现过以下情况：有些同事聚在一起聊八卦，就喜欢透露其他同事的隐私；有一些亲戚对你的情感问题非常感兴趣，一个劲地打听你的另一半。

于是，我们很容易产生一些冲突，其实这都是因为人与人之间的相处是有边界的。作家周国平曾说："一切交往都有不可超越的最后界限，而一切麻烦和冲突都源于想要突破这界限。"

我们生活中大多数的烦恼，都源于人与人之间的边界感的模糊。最终，累了自己，冷了关系。

在看到案主内心的卡点时，我们需要做的就是给出我们的建议，而不是干涉对方，要求对方一定要按照你的建议去执行，

也不要代替案主做出重要决定，强迫案主接受自己的观点。

为什么在承接个案时，一定要做到不越界的保密原则呢？

因为太远了太疏离，太近了太压迫。把握好自己与案主之间的距离，距离太远，产生不了共情，太近了容易越界。明确自己和案主之间的边界线，才能使疗愈的过程更加顺畅。不管是普通朋友，还是亲密知己，都应该有界限意识，如此才能关系长久，友谊长存。对于心灵疗愈师来说，更应该如此，不能过度打听案主的隐私。

如果在疗愈过程中，遇到自己无法承接的重大个案议题时，就务必不要让案主深挖更隐私的问题。而保护案主的隐私，不向第三方透露案主的信息是一名心灵疗愈师的基本原则。

"不越界"意味着我们不应该跨越他人的边界，不过问他人不想说的事情。这个原则的应用非常广泛，可以涵盖到生活的方方面面。其实，我们在与人相处的过程中，也要注意边界感，注意不越界的原则。只有保持适度的距离，才能拥有舒适的人际关系。

人生而不同，每个人都有自己的习惯和原则，在人际关系中，必然会因为彼此的不同产生一些不可避免的摩擦、冲突。那如果我们拿自己的标准去衡量别人，强迫他人按照自己的期待行事，其实，这就是越界。这世上，没有人有权利去掌控别人的人生，哪怕是最亲近的人。

著名心理治疗师苏珊·福沃德曾说："每个人的内心世界都有特定的秩序，建立心理边界并不是自私，而是让你的事情归你，我的事情归我。"人与人之间始终有着一条看不见的界限。它保证彼此之间正常交往，若逾越了这条界限，即使是很亲密的关系，渐渐地也会变得疏远。

边界感是人际交往中常见的一个概念。它指的是对于界限的判定或重视程度。一个具有良好边界感的人，会在与他人的交往中清晰地识别出自己和他人的界限，并且尊重这些界限。

相反，缺乏边界感的人则可能会无意识地侵害他人的界限，或者无法保护自己的界限，导致自己受到伤害。在当今社会，边界感的重要性变得愈发明显。我们生活在一个高速发展、信息交流频繁的互联网时代，每个人都需要与他人进行沟通和交流。然而，如果我们在交往中缺乏边界感，就会引发各种不必要的纠纷和矛盾，导致社会关系的紧张和疏离。

比如，我们经常听到的"过度分享"问题。有些人可能会在社交媒体上分享大量个人生活细节，或者在和朋友交往中过度倾诉自己的困扰，甚至无意间泄露他人的隐私。这些行为可能会让受众感到不适或厌烦，并产生负面影响。同样，如果我们在处理工作和个人关系时缺乏边界感，也会导致问题的出现。

比如，在家庭生活中，如果孩子和父母之间缺乏边界感，父母可能会过度控制孩子的生活，导致孩子缺乏自主性和独立思考能力。

因此，对于每个人来说，培养良好的边界感是至关重要的。我们应该学会在与他人交往中，尊重他人的隐私和空间，同时也要保护好自己的界限，以免受到不必要的伤害。我们可以通过沟通、表达、坚持自己的原则和底线等方式，来建立健康的人际关系和社会环境。

如何才能做到不越界呢？

我们得意识到自己只是一个协助者。意识到这是他人的事，才会清晰自己的位置，用注意力倾听陪伴对方，做一个陪伴者和倾听者就是当下最好的选择。

如何从想要控制他人的想法、生活中摆脱出来呢？这就需要我们的注意力了。当我们想要控制他人时，通常是因为我们的注意力疲乏，注意力疲乏有什么特点呢？

第一点，变成受害者，以肯定自己的不行作为借口；

第二点，有的人因此放弃，他们会不断地评判工作内容与项目，这样的人很少会成功；

第三点，玩捷径，修改程序内容；

第四点，有时候生气没有耐心，喜欢埋怨和开玩笑。

一个人开始渴望获取注意力，为了渴望自己能够继续生存，他开始不惜一切地向他人讨要注意力，那个真诚的自我就消失了。以身体为中心的成瘾行为，如抽烟、药瘾、酗酒等，都需要身体摆脱不再依赖化学性的注意力。

总的来说，当注意力疲乏时，最好的方法是，将所有的工作区分成一个个可以执行的动作，可以建立优先次序，下功夫在每一个动作上，直到能够使用最少的注意力，将每个动作正确地执行完为止。

你可以试试以下的训练方法，给自己身体做自我抚触疗愈：找一个安静的地方，将注意力放在自己身体上，拍拍它，抚摸它，对它说话，充满关怀，充满原谅，接受自己的任何缺点，带着慈悲与了解。

五心：活出心性之美，让生命圆满丰盛

我们谈到了疗愈的心法和转念的原则，想要让这些方法落地，还需要注入“五心”的能量，分别是慈悲心、宽容心、敬畏心、平等心、柔软心。下面我们先来说说慈悲心。

慈悲心：当你超越相反对立的两极时，你就到达了慈悲。

还记得有一期《圆桌派》，窦文涛在聊天时分享了梦参长老说过的一句话：“我们对众生当然要慈悲，但是要先对自己慈悲。只有放过自己，自己不苦恼了，你才能有慈悲的能力。”

意思是想要拥有慈悲心，就必须先平和地对待自己。这句话一下子就把窦文涛点醒了，他意识到，如果我们总是把自己弄得焦虑、紧张、睡不着觉，任何事情都想要做周全，把自己逼得都没有退路了，自然就无法活出慈悲的心态。

缺乏慈悲心的人，有的容易暴躁易怒，喜欢输出自己的观点；有的玩世不恭，对一切都很冷漠；还有的性格软弱，对他人不敢言但对自己非常苛刻。这样的人，对自我没有深入的认知，对世界也缺乏深度的思考。在他们的心中，很难有完整的爱。生活就只会向他们展示出不如意的一面。

有的人没有找到人生的道路，是因为还没有找到自己的根基。我们经常忙于向上仰望，却忽略了要向下看路。心安即是归处，如果能够超越对与错、成与败这样二元对立的思维，我们就能在其他领域找到内心向往的生活。

星云大师曾说：给人信心、给人欢喜、给人希望、给人方便。我们不仅要怀着慈悲心，也要把慈悲心传承给他人。你向宇宙发出最大的慈悲心，自己也能得到慈悲的照拂。看见他人的善，也是慈悲的存在。慈悲和大爱能形成能量的场域，滋养着我们的内心，找到前行的勇气。

平等心：让我们找到更多创造的新的视角和生命的流动。

你希望别人怎么待你，你就怎么待人。你希望别人对你好，那么你就得先付出。你不希望有人说出不尊重的语言，那么你就得先注意自己的言行，所以不能因为关系很近，也不能因为是陌生的关系，便随意而为。这就体现了平等心，有平等心才会有尊重，有尊重，你自然就会知道如何待人。

我曾看过许多评价苏轼的文章，他的一生可谓充满了传奇。有人说，苏轼的豁达与平和，与其家风的平等心有关，对上不谄媚，对下不孤傲，不管是任何人，他都能一视同仁地对待。

有一年，苏轼看着村里的穷人过得十分不容易，他就卖掉自己的田地给他们种地。后来土地丰收了，穷人们就拿着收获的粮食和钱财要还给苏轼，但他没有接受他们的好意。苏轼说："我卖掉这些田地，自有我的道理，不是你们的原因。"

读到这里，你是不是会觉得很奇怪，为什么苏轼明明做了好事，却不留名呢？其实，这就是苏轼平等心的最好体现。首先，苏轼用比较低的价格，把田地卖给了穷人，至于他为什么要变卖而不是赠送，那是因为买卖的双方是平等的。赠送包含了施舍的意味，他不想让穷人觉得自己低人一等，因此他用这样的行动，给了穷人足够的尊重。

其次，苏轼不收穷人的回礼，主要是避免穷人产生受害者的观念。由于接济和被接济的双方，会造成人心理上的落差感，苏轼说自己卖掉田地自有道理，等于是把穷人们又拉回了当初的买卖上，再一次强调了他们之间平等的关系。可见，平等心就是保持一颗平常心，对任何人和事物都不会区别对待。

此外，平等心也是包容生命的每一种面相。类似恐惧和受伤这样的面相，其实都是我们内心想法的投影。纵使面相千差万别，但它们由心而生，其本质相同，没有任何区别。

所以，不管是快乐、积极的面相，还是消极、悲伤的面相，都没有好坏之分，我们都应该全然接受。心灵疗愈不是为了改变世界，而是改变我们对世界的认知。当我们的见识增长了，心境开阔了，曾经让我们耿耿于怀的事情就能得以释怀。

柔软心：让我们的表达回归真诚真实的存在。

我们每个人的内心本性都是柔软向阳的，只是因为在前进的道路上，经历了各种痛苦、困难与挫折，在受伤后慢慢把自己的心封闭，甚至蒙上了一层厚厚的灰尘。

变软的过程就是擦掉灰尘，然后重新认识自己和世界，重新与这个世界的正能量连接的过程，这是需要一生修炼的功课。

说一句温柔的话，做一件温柔的事，不难。难的是一直温和待人，有一颗同理心。既然我们都想要生活甜美，多一些温暖、舒适和放松，那不如先让自己学着做一个柔软的人。

就像《吸引力法则》中说的，你是什么样的人，就会吸引相同特质的人来到身边。在坚硬的世界里，唯有人心的柔软温暖能感知到善良和美好。珍惜那些在大雨中为你撑伞的人，黑暗中默默抱紧你的人。他们会组成你生命中一点一滴的温暖，让你远离阴霾，成为善良而柔软的人。

拥有柔软心的人，往往更懂得好好说话，无论遇到何事，都不会为了逞一时口舌之快而随意伤害他人。一颗柔软的心，是触摸生活的可贵品质，也是让生命更坚韧的大智慧。

心灵是生命的根本，万事万物都是人内心的投射。人生这场修行重在修心，只有内心深处清净、坚定，才可以抵御世间的不安与躁动。

敬畏心：让我们敬重祖先、父母、老师、更高智慧的存在。

心存敬畏，这是臣服的力量，很多人一生都在自以为是，自认为是最厉害的，一直在证明自己的能力，所以一生过得很紧绷，就算放假在家里休息都是很难放松的。

当你愿意臣服于道、臣服于一切发生皆有道理的哲理，心中就会生发出敬畏之心。

当你开始敬畏一切源头、父母、祖先、老师等，就会产生一种对生命的感动。

宽容心：让我们海纳百川，接纳负面正面。

当你的心打开，愿意让自己内在的小孩长大成人，为自己生命中发生的每一件事情负责时，你开始启动宽恕的力量，宽恕伤害你的人和事，这等于你宽恕了自己，当你开始宽恕，内心的宽容心就开启了。

接纳事物的能力就会变强，生活就会自在欢喜。

正所谓“心性本净，客尘所染，转染为净，恢复本心”，当我们真正懂自己的心的时候，才会更懂人。

Part 04

传递：

生命的意义就是传承真善美

与人为善，帮人亦是帮己，你为别人做的，其实也是为自己做的。马克·吐温说：“善良，是一种世界通用的语言。”善能促善，善能遇善。当你掌握这门语言后，善良会成为你的通行证。

心灵疗愈，是生命影响生命的过程

爱让世界转动，爱可以让人感到温暖、被理解和被关注，缓解人们的孤独和焦虑，提高幸福感和生活质量。

在生活中，我们需要相互关爱和支持，这样才能建立起稳定的人际关系，共同构建和谐的社会环境。教育传承是生命影响生命的过程，它不仅仅是一个知识传授的过程，更是通过人际交往和情感互动的方式，影响和塑造着人们的思想、价值观和行为习惯的过程。

温暖一群人，点亮一座城。我们通过转念生命成长体系帮助学员共建富而有爱的幸福家。在做出自己的贡献的同时，既是对社会的回馈，也是自我的一种成长和提升。

行动吧，爱让世界转动，让我们活在爱的传承里。

来自内心使命的召唤

现在的很多教育越来越像一个职业教育，为了让你在社会上有一碗好饭吃，就不停地催促你完成一个个阶段性目标，最终让你有了一个好饭碗。

这就是我们常说的“事业”，是为了生存需要而投入，如果你是一个老板，也许自身的生存需要已经满足了，但你还需要工作，因为有员工仰赖你而生存，这里面更多包含了责任、义务，一分耕耘一分收获，你的满足感，在于达到结果。

德国社会学家马克思·韦伯提出一个概念叫“志业”，其中包含的意义，是你的兴趣，做你所爱，爱你所做，也许工作中有辛苦，在工作的过程或成果中，你依然能够被热情所奖赏，热情是志业的标志，过程就是奖赏。

你是为了自己内心的一种声音、一种召唤在从事自己的职业，那么这个职业就叫作志业，是你的志向和使命所在，是一辈子要努力奋斗的事业。

美国著名伦理学家麦金太尔有一个很重要的精彩观点，他说虽然人都追求利益，但是有两种不同的利益，一种叫外在利益。外在利益是对权力、财富、知识的追求，外在利益的特点是它是可以替换的。

很多年轻人不断跳槽，从这个行业跳到那个行业，背后驱使的都是一种对外在利益的追求。哪个行业能够有更大的回报感，就去追求哪一个。

但是麦金太尔讲，还有一种利益是内在利益。内在利益就是“金不换”，是不可替代的，“非此不可”，是你内心渴望的。不是为了换取一些很具体的身外之物，是为了满足内心觉得好的生活，我觉得只有从事这个，才是我内心所渴望的。这就是内在利益。

志业就是一个能够满足你内在利益的职业。聪明人通常能够从事好多工作、好多行业，干什么都出色。但是往往有一些人觉得他有自己内心独特的追求，觉得只有干这个他才过瘾，这就是他的志业。“工匠精神”的动力恰恰来自这样一种志业，这种志业用现在的话说就是专业精神。

如今，每个行业里面都有自己独特的专业品位和专业价值。你进入其中，对你从事的这个专业的内在品位有深刻的理解，而且愿意去钻研它、体会它、追求它，把它作为自己的梦想，愿意不计功利地投入，把它做到完美，这就是你的内在利益，这就叫作专业精神。

还有的工作，你得到的不仅仅是物质的回馈，还有生命的升华，是可以为这个社会创造价值，给自己的子孙积累福报的。工作与生命的边界被打破，工作就是生命的一部分。

确诊重症肌无力对于当时的我来说就是一个致命性的打击。但我没有选择自暴自弃，而是像蒲公英那样，选择向下扎根，重新修缮内心，走上生命成长之路，拥有了重新站起来的勇气。

后来，我发现原来这个世界上也有很多和我一样正在遭受痛苦的人。所以，我创立了转念生命成长体系，我希望每一位来到我身边的人都能幸福，都能唤醒内在，唤醒幸福感。聆听心灵的声音，实现自己的价值。

我一直想要回馈社会，做些力所能及的贡献。于是，我就问自己，在离开这个世界之前，还有哪些心愿未做，那一刻出现的答案是“践行‘家和万事兴’公益”。因此，我们精心组织设计了“家和万事兴”的项目，为家庭和谐贡献一份力量。

我认为亲密关系的和谐是家庭稳定的基石，家和，万事才能兴。在传统文化里，家庭的和睦，不仅代表着幸福美满，而且也代表着财富，因为“和能生财”。

而回馈社会最好的方式，是能让每个人都拥有和谐美满的婚姻关系与幸福家庭。

你的善举，会照亮你未来的路

很多时候我们觉得自己任劳任怨，却比不上别人几句讨好的话；认真负责，得到的却比偷奸耍滑的少；一直付出，却始终看不到前路的希望。

其实，就像那句经典名言："所有命运馈赠的礼物，都在暗中标好了价格。"人生，没有什么捷径可以走，你想要拥有多少，就需要先付出多少。

有些捷径走得快，但根基不稳，未必走得远、走得久。有些人走得慢，但稳扎稳打，每一步都是前进的路。

种瓜者得瓜，种豆者得豆。没有人是真的傻，只是明眼人不说；没有人是真的不会取巧，只是有人不愿意去做。时间识人，你的付出，总会被看见，你偷的懒，终归也要还。

养好的好人气，必成你的好福气。人活一辈子，不是活一阵子。一阵子的快慢，一时的得失，一天的荣辱，都算不了数的。

你今日所成就的一切，皆因你昨日的作为。时间是个伟大的作者，它必将写出完美的篇章。所以我们需要多做善事。

比如说你可以发信息感谢身边的人，或者给你的贵人写感恩信，不要小瞧这件事的力量，很有可能对方看到你的感谢信很触动，甚至会泪流满面，他的人生可能因为看到这封感谢信而开始改变。所以，你可以把感谢信发给你身边的朋友、亲戚、父母、同事、老板，那些帮助过你的人甚至伤害过你的人，都可以发。

在发信息的时候，不要带着期待，而是发自内心地带着美好去祝福，这样的善举就会点亮他，点亮他身边的人。踏实做事，必会开花结果。你内心的善意越多，你能承载住的财富就越多。厚道之人，必有后福。

所以，我们要做的事就是要常常觉察，自己积累的善举有多少。多关注别人，为更多人赋能，给予别人更多的爱。

你是谁，就会遇见谁。你做什么事，就会得到什么果。你怎么对待这个世界，就会被世界怎么对待。

我希望自己的经历能够帮助万千女性找到向阳而生的力量。

很开心，学员们通过洞察自己，不断转念，改变自己，一步步地蜕变，创造了新的人生，最终圆满丰盛。他们在成就自己的同时，也影响了身边人，家庭都因为他们的改变而幸福。甚至还有一些学员，成为职业心灵疗愈师之后，开启了创业之路，都希望自己可以为心灵疗愈行业做一份贡献。

这份事业不仅给他们带来了收入，让他们过上了更好的生活，而且还把心中的那份爱分享了出去，传递给更多人，真正地做到在他人的世界里支持他人。

也有人说："公益是有钱人才能做的，我们没有钱没有时间，更没有精力去做公益。"其实不是的，公益不是要求你做多高大上的事情，每个人的力量都是微小的。无论我们是去捐赠，还是去做志愿者服务，都是一种公益。

只要我们付出的心意是真诚的，无论是小小的善意还是巨大的帮助都有价值。在实现自己的公益之路上，我们的初心是最重要的。我们可以问问自己，一天当中，脑海里闪过了多少个念头。而这些念头就决定了我们之后的言行举止，会影响到我们所做的每一个决定和选择。

当一个人的初心是为自己时，那他之后所做的每一个决定，都会围绕自己能否从中得益来做。当一个人的初心是利他的，是无私的，是发自内心地想让别人好的时候，那他之后就会以是否对他人有益作为决定的出发点。

这时，散发出来的能量和气场是无限大的，会帮助到更多的人。俗话说："心有多大，舞台就有多大。"这颗心，不是野心，不是雄心，而是助人之心。你的影响力来源于你真正帮助了多少人。

我们的生活虽不是有监控的考核，但时间却是最公正的“见证者”，你的善举最终会照亮你的路。就像一个温暖的故事里说的那样：

有一个盲人，在夜晚提着灯笼走路。路人不解，问盲人点灯是否多此一举。盲人答道，灯笼既能让别人容易看到他，确保自己的安全，还能照亮别人，路人也很感激他。

与人为善，帮人亦是帮己，你为别人做的，其实也是为自己做的。马克·吐温说：“善良，是一种世界通用的语言。”善能促善，善能遇善。当你掌握这门语言，善良会成为你的通行证。与人为善，就是为自己积攒福气和运气。你的善良，就是你的后路。

你用爱来对待别人，别人也一定会用爱来回报你。当遇到恰好需要帮助的人的时候，一定不要错过，这正是我们积累善举的好机会。通过行善积德，我们可以获得内心的平静和快乐。

无论我们拥有多少身外之物的财富，那都是一时的，随时面临着崩塌，与其执着，不如将富余的部分给有需要的人。我们要常怀谦恭、礼敬之心，不可傲慢无礼。春种才有秋收，我们需要用平常心对待。

用真心耕耘，你的善良的果实才会结果。我们自身的力量有限，能帮助到的只是小部分人。这些年，我带领学员也走上公益这条路，很开心有更多人因为我们而受益。如今，有越来越多的学员开始奉献自己、帮助他人、做公益，这也是一种爱的传承。

温暖一群人，点亮一座城

有人评价梁漱溟先生的一生，可以总结为三大境界，分别是功利境界、道德境界、圆满境界。

在人生的第一个阶段里，人会受欲望和恐惧驱使，想要获得更多的东西，诸如财富、权力和名望等。梁漱溟先生切身地体验了一段功利的人生，他以为物质上的满足能达到人生价值最大化，但结果并未如他所愿。于是，他离开人群，用独自修行来改善这一切，进入了人生的第二阶段。

他开始向内探索思想，升华自己的道德观和价值感，进入了道德境界。可是，这条道路还是没有达到他的目的，他对生活还有其他的渴望，然而拥有渴望，就会伴随着焦虑和恐惧。

最后他又来到了第三个阶段，不再确定目标，而是随意地做自己应做之事。尽人事，知天命，唯一的愿望就是不让自己后悔。他听从了自己内心的声音，做自己真正想做的事情，终于体会到了生命的自由和圆满。

对照梁先生的一生，我自己似乎也经历了类似的三个阶段，每个阶段都承载了我不同时期的梦想。我想，正是因为有梦想作为强大驱动力，才能让我在冥冥之中走到正确的方向。

第一阶段是十几年前，与美业结缘是出于我对美的向往，还有对美业敏锐的直觉。随着自己在这个行业的深入，不断地扎根稳固，我开始寻找可以施展拳脚的切入点，渴望在这个领域闯出自己的一片天地。

我最开始在淘宝做服装，然后注册公司做美体内衣，这些创意的点子和经商的头脑，都承载着我对美的认知，还有想要帮助女性展现美丽的愿望。一个人想要成事，初心很重要。别人说我有商业头脑，倒不如说是因为我的真诚，还有真心想要帮助广大女性的那份初心，才让我获得了财富。

后来到了2017年，我的身体出现了问题。在第二阶段，我一下子就对财富没有丝毫留恋。因为我知道身体经不起折腾了，那就必须安静下来。在这段时期里，我明白了现阶段的课题就是要感受痛苦，在痛苦中找到苦难的源头。

现在想来，为什么我的人生会突然出现这样的意外呢？我想，应该是我的初心出现了偏差。在我成功取得财富之后，慢慢地就沾沾自喜了。我想要展示自己有多厉害，有多能挣钱，从想要帮助他人的初心，变成了证明自己。于是，经历了几天的深思熟虑之后，我毅然决然地暂停了所有的工作，决定放过自己，允许自己两年不赚钱，给自己放个长假好好修心，提升智慧。

每个生命如果只靠提升物质和功利心，没有办法圆满我们生命的课题。在"闭关"的两年里，我抛开了公司所有的事务，也没有再去招募新的团队，甚至连手机都经常处于关机的状态。虽然当时我行动还很不方便，但我还是去全世界各地参加静心营，我想把心灵和身体都好好修葺一番。

在学习的过程中，我感受到了生命的正向成长。逃避苦，就会纠缠苦，如果找不到伤痛背后的渴望，把苦难转化为恩典，我们就没有办法创造健康快乐的人生，也做不到为自己的生命负责。

当灾病在我身上发生时，我曾想，如果我可以生活自理，直到康复，那我就去帮助10万人，虽然做公益的过程很辛苦，但是可以帮助他人打破心灵的桎梏，唤醒内在，我的内心是圆满富足的。我也慢慢体会到：唤醒他人，是很大的功德。

唤醒他人，成长自己。我们在践行把爱传出去的使命。

在这个过程中，大家从开始的不能理解，到帮助他们后他们的改变，我的使命感越来越强烈。很开心的是，团队每一个人都很稳定，因为他们在转念生命成长体系里被温暖，被赋能，生命有了更大的觉醒。所以我们团队是一群用生命影响生命的人，照亮他人，点亮自己。

同时，我通过个案咨询观察了许多的学员和案主，他们都像我一样受到过心理问题的困扰。我通过疗愈改变了自己的命运，看到他们正在煎熬之中，我也很开心能用自己的能力帮助到他们。

通过切身的体会，我感受到心灵疗愈能让更多人从心灵的伤痛中走出来，洞察自己，活出生命的精彩。

所以第三阶段，我转换了赛道，专注做心灵疗愈生命成长。通过这一段经历，我意识到了一件事：你承载了怎样的愿望，它就能促成你有多大的成就，当你全然利他时，圆梦的力量将超乎你的想象。而唤醒人们心中的愿望，是我此生为之努力的事业。

我不为追求财富，而是希望开启智慧、传播真善美。我在讲课时曾对学员说过“静能生智，灵动生慧”，当你能够安静地思考自己的人生，厘清未来要努力的方向时，智慧就自然产生了。

抛开了名和利，不去追求物质上的回报，这样的生活方式让我感觉非常轻松。摒弃了物欲的枷锁，心灵反而更加轻盈松弛。守护真诚真心，也是我此生的温暖。

这是唤醒的力量，也是传承的觉醒。唤醒他人，成长自己。

学员们有的成了城市的心灵发起人，有的担任了课程的柔性教练，有的开办了自己的归处疗愈空间。他们在利他达己中持续深耕，不断进步。

他们还经常组织城市发起人及创业精英共同修心成长，相互连接拓宽平台。他们本着传承的信念相聚一堂，摒弃闹市喧嚣的浮华，在山野自然中冥想和互动，为点亮更多的人贡献自己的力量。

当健康、生存这样最基础的需求受到威胁时，处于上层的情感能力就会逐渐弱化，人们可能更多地关注物质而非心灵。所以，我们不是没有爱，而是缺少爱的感知，以及爱人的能力。

所以我想让更多家庭拥有一位心灵疗愈师，让更多人去为更多家庭守护。我一个人的力量是有限的，我需要一群人一起来共创富而有爱的幸福家。让大家眼里有光，心里有爱。